이론만 빠삭한
부모

관심이 필요한
아이

이론만 빠삭한 부모
관심이 필요한 아이

초판 1쇄 발행 2022년 12월 15일 발행

지은이 서민수
발행인 정혜윤
펴낸곳 SISO
출판등록 2015년 01월 08일
이메일 siso@sisobooks.com
카카오톡채널 출판사SISO
인스타그램 @sisobook_official

© 서민수, 2022
정가 16,000원

ISBN 979-11-92377-28-5 13590

부모가 놓치고 있는 본질, 내 새끼를 다 안다는 착각

이론만
빠삭한
부모

관심이
필요한
아이

· 서민수 지음 ·

siso

　　가장 좋은 글은 진심이 묻어난 글입니다. 그런 면에서 서민수 경찰관님의 글은 아이들을 자식처럼 걱정하고 위하는 마음이 고스란히 담긴 좋은 글입니다. 지난 2년 동안 조선에듀에서 경찰관님의 칼럼이 많은 부모에게 회자되고 오랜 기간 사랑받았던 이유는 경찰관님의 이러한 진심 때문입니다. 경찰관님의 칼럼을 데스크하는 총괄자이자 그 누구보다 글을 좋아하는 애독자로서 그간의 글이 한 권의 멋진 책으로 세상에 나온다는 점이 무척이나 기대됩니다.

　　이 책은 우리 아이 주변에서 일어나는 일들을 소상하게 알려줍니다. 부모가 알기 어려운, 또는 알 수 있지만 애써 외면했던 진실과 민낯을 오롯이 보여주죠. 그것을 통해 많은 부모가 요즘 아이들을 제대로 이해할 수 있도록 도와줍니다. 그 과정에서 현장을 직접 누비며 수많은 아이를 만난 경찰관님 특유의 관찰력과 섬세한 걱정이 돋보이죠. 글을 따라가다 보면 부모가 아이의 행복을 위해 지금 당장 무엇을 해야 하는지 알 수 있게 해줍니다. 어떻게 하면 우리 아이를 세상으로부터 안전하게 지키고 행복하게 도울 수 있을지 걱정하는 부모라면 반드시 이 책을 읽어보시길 추천드립니다.

방종임, 유튜브 「교육대기자TV」 운영자 겸 교육 전문기자

아이들에게 중독된 현직 경찰관이 직접 쓴 책을 만나볼 수 있는 기회가 얼마나 있을까요? 학교폭력 예방을 위해 개소된 '청소년 경찰학교' 업무를 하면서 서민수 경찰관님을 처음 만났습니다. 학생들에게 스스럼없이 먼저 다가가고, 함께 사진을 찍어주는 모습을 보면서 '정말 아이들을 많이 좋아하는 경찰관이구나!'라고만 생각했습니다. 그런데 이렇게 오랜 기간 동안 변함없이 아이들을 위해서 물심양면으로 애쓰시는 모습을 보니, 아무래도 경찰관님은 아이들에게 '중독'된 것 같습니다. 아이들이 아무 말을 하지 않고 가만히 있어도, 문자에 내용 없이 '…'만 보내도 아이들이 지금 어떤 생각을 하고 있고, 무슨 고민이 있는지 알아차릴 수 있다니, 중독이 아니고서야 어떻게 설명할 수 있을까요? 이런 경찰관님이 한 자 한 자 써내려간 글에는 아이들을 향한 진심 어린 애정이 솔직하게 담겨

있어 마치 경찰관님의 일기장을 훔쳐보는 듯한 느낌이 들기도 합니다

제가 대학에서 교사가 되기를 희망하는 학생들에게 학교폭력 관련 교직을 강의하면서 매 학기 학생들에게 추천하는 책이 있습니다. 바로 서민수 경찰관님이 첫 번째로 출간한 『내 새끼 때문에 고민입니다만,』입니다. 그런데, 학생들에게 경찰관님의 새로운 책을 소개해 줄 수 있다니 생각만 해도 벌써부터 마음이 벅차오릅니다. 물론 저자인 경찰관님은 10대 청소년을 자녀로 둔 부모님들을 독자로 집필한 책이지만, 부모로서의 경험이 없거나 본인들의 자녀와는 너무 다른 학생들을 지도해야 하는 교사들에게도 꼭 필요한 내용이 담겨 있기 때문입니다. 우리 아이들에게 관심을 갖고, 좀 더 가까이 다가가고 싶은 부모님과 선생님이라면 일단 책장을 한 장 넘겨보시기 바랍니다.

이윤희, 한국교육개발원 교육학 박사
前 이화여대 학교폭력예방연구소 연구교수

부모를 비롯한 어른들은 아이가 어리기 때문에 판단을 제대로 할 수 없을 거라 믿고, 무조건 보호해야 한다고 생각합니다. 아이들은 우리가 생각하는 것보다 훨씬 많은 것들을 알고 있고 많은 상황에 노출되어 있습니다. 그러나 어른 세대인 부

모는 아이들에게 무조건 하지 말라고만 말하지, 아이들이 '왜(why)' 하면 안 되는지를 알려주지 않습니다. 왜냐하면 부모도 아이들의 문제가 무엇인지 정확히 모르기 때문입니다.

아는 만큼 보인다는 말처럼 부모가 아이들의 문제를 정확히 알아야만 아이들에게 통제가 아니라 '이해를 바탕으로 한 실질적인 관심과 지지'를 보낼 수 있습니다. 이 책은 오랫동안 아이들의 비행 현장을 목격한 학교전담경찰관인 저자의 경험을 바탕으로 아이들의 실제 문제를 다루고 있습니다. 이 책에서는 청소년의 주변환경과 놀이 형태의 변화, 아이들 주변에서 벌어지고 있는 범죄의 유혹뿐만 아니라, 이들을 바라보는 부모의 역할과 자세에 관한 현실적인 조언들도 담겨 있습니다. 이 책에서 다루는 생생한 청소년 현장 이야기를 통해, 청소년이 직면한 문제를 정확히 짚어주고 부모와 자녀가 '함께' 현실적인 대안을 이야기하는 계기가 되었으면 합니다.

이승현, 한국형사법무정책연구원 선임연구위원

'새탈'이라는 말이 있습니다. '새벽 탈출'의 줄임말로, 부모가 잠든 새벽에 집에서 나와 일탈 행동을 한 후 다시 집으로 돌아와 조용히 잠드는 아이들의 이야기를 빗댄 말입니다. 최근 들어 이런 '새탈'하는 아이들의 나이가 어려지고 있다는 말도 있더군요. 부모는 내 아이에 대해 얼마나 알고 있을까요? 아이들의 세계는 어른들의 이론만으로는 알기 쉽지 않은 세상을 보이곤 합니다. 교육현장도 마찬가지입니다. 이 책을 읽다 보면 부모나 교사가 놓칠 수 있는 상황들을 송곳같이 분류해 친절하게 해법을 제시해줍니다. 특히 "초등학생들이 정말 이런 말과 행동을 한다고?"라는 생각이 들 정도로 어떤 사례는 놀랍기도 합니다.

하지만 이 책은 아이와 부모에게 탓을 돌리지 않습니다. 오히려 이 책은 아이와 부모를 안심시키고 가정에서 아이와 부모가 함께 할 수 있는 적절한 해법을 알려주는 데 힘쓰고 있습니다. 그야말로 오랜 시간 현장에서 쌓은 경험과 연구들이 고스란히 느껴지는 책입니다. 또 마지막 장에는 부모가 무심코 지나쳤던 돌봄의 원칙과 소양들을 현대식으로 알려주고 있어 감동적이기까지 합니다. 기회가 된다면 많은 부모님이 이 책을 읽었으면 좋겠습니다. 특히, 요즘 들어 부쩍 자녀와 소통하는 게 어려운 부모님이 있거나 또, 학교 현장에서 아이들을 가르치는 데 애를 먹는 선생님이 있다면, 이 책을 꼭 읽어주시길 바랍니다. 적어도 요즘 아이들의 생각과 행동이 어디에서 시작해 어떤 모습으로 나타나는지를 충분히 알려주는 책이 될 것입니다.

김성오, 인천 가좌고등학교 교감

지금 이 시대에 아이를 키우는 부모들이라면 누구나 공감할 것입니다. 아이를 '안전'하게 키운다는 것이 얼마나 어려운 일인가를. 예전에는 오프라인 공간에서 눈에 보이는 위협들이 주류였다면, 지금은 거기에 더불어 보이지 않는 사이버공간에서도 수많은 일이 일어납니다. 이런 상황에서 내 아이를 지키려면 아이에게 어떤 위험이 있는지, 아이는 현재 어떤 상태인지를 아는 것이 기본일 겁니다. 하지만 부모 세대인 우리가 지금 시대의 아이들이 살아가고 있는 환경에 대해 알면 알수록 깨닫는 것은 "우리는 아이에 대해 너무 모르고 있다"라는 사실뿐입니다. 그런 의미에서 이 책은 매우 유용합니다. 『이론만 빠삭한 부모, 관심이 필요한 아이』를 통해 부모님들은 그동안 놓치고 있던, 아이들의 진짜 현실을 마주하게 될 것입니다. 책의 저자 서민수 경찰관님은 서두에서 이 책이 '부모와 아이들'을 위한 것임을 밝혔습니다. 책을 읽는 것은 부모이지만, 이 책을 통해 부모가 자녀의 눈높이에서 소통하게 되고, 그동안 자신들이 원하던 관심을 받게 될 것은 아이들이기에 이 책의 최종 목적지는 결국 아이들의 마음입니다.

이지민,
「아나운서 엄마의 육아연구소」
유튜브 운영자, CBS 아나운서

아이들에 대한 희망을 잃지 않도록
끝까지 믿고 희생해 준 가족에게
이 책에 담긴 모든 '글자'를 바칩니다.

부모와 청소년을 위해 이 책을 씁니다

제가 학교전담경찰관으로 근무하던 시절, 한 학부모께서 상담을 요청한 적이 있습니다. 아이가 초등학교 때 왕따 당한 경험이 있는데 중학생이 되어서도 말수가 없고 나약한 모습만 보여, 한번은 아이 가방에 몰래 녹음기를 넣어두고 학교에 보냈다가 저녁에 확인했더니 녹음기에는 아무런 대화 내용이 없었다고 합니다. 어머니는 한참을 울다가 담임교사에게 이 사실을 알리려고 했지만, 녹음기를 넣어둔 게 마음에 걸려 한참을 고민하다 '학교전담경찰관'이 있다는 사실을 알게 되어 제게 연락했다고 하더군요. 이후 저는 그 아이를 만나 아픈 마음을 보듬어주고, 언제든지 필요할 때 연락하는 친구가 되었습니다. 다행히 아이는 지금 힘든 과정을 극복하고 수능을 준비하는 고3이 되었습니다.

'학교전담경찰관'이라는 용어가 생소한 분들도 있을 것입니다. 학교전담경찰관은 부르기 좋게 영문 앞 철자를 따 'SPO(School Police Officer)'라고도 부릅니다. 주로 학교에서 학교폭력 예방을 위해 활동하고 있죠. 다시 말해, 대한민국 모든 학교에는 학교를 전담하는 경찰관이 지정되어 있고, 부모님의 자녀가 다니는 학교에도 '학교전담경찰관'이 있다는 뜻입니다. 하지만 아쉽게도 많은 부모님이 '학교전담경찰관' 제도를 잘 모르는 게 현실입니다. 특히 처음 학부모가 된 분 중에는 이들의 존재를 아는 부모님이 그리 많지 않습니다.

아이의 학교생활과 관련해서는 어떠한 경우라도 담임교사와 먼저 상담하는 것이 맞습니다. 누구보다 아이를 잘 알고 부모만큼 아이들에 대한 애착을 가진 분이 선생님이니까요. 하지만 학교폭력과 같은 심각한 사안을 알게 된 부모는 선뜻 아이 문제를 담임교사에게 털어놓는 걸 꺼리게 됩니다. 일단 선생님에게 학교폭력을 상담하면, 상담 자체가 신고로 이어질까 두렵고 생각지도 않았던 학교 절차를 따라야 하는 불안도 생기기 때문입니다. 그래서 달리 방법이 생각나지 않아 다짜고짜 변호사 사무실에 연락을 취하는 부모님들도 있습니다. 이럴 때 부모님이 '학교전담경찰관'을 알면 도움을 받을 수 있다는 사실을 기억해주세요.

'학교전담경찰관'은 자녀의 학교를 전담하며 주로 학교폭력 예방 업무를 담당합니다. 아이들에게 학교폭력과 범죄 예방 교육을 하고, 아이들과 친구가 되어 아이가 부모나 선생님에게 말 못 할 고민이 있을 때 소셜미디어 메신저 등으로 편안하게 들어주기도 하지요. 무엇보다 가장 큰 활동은 학교폭력이 발생했을 때 학교와 협력하여 피해 학생을 보호하고, 가해 학생을 선도하는 일을 합니다. 또「학교폭력 대책심의위원회」에서 가·피해 학생의 조치를 결정하는 위원으로도 활동합니다. 이를테면, 자녀가 학교폭력을 당했는데 어떻게 해야 할지 모를 때 '학교전담경찰관'에게 연락하면 절차와 방법을 친절하게 안내받을 수 있습니다. 연락처는 담임교사에게 요청하면 알 수 있고 또, 상담 내용을 비밀로 해달라고 요청하면 비밀도 지켜드립니다.

　'학교전담경찰관' 제도는 2011년 한 중학생의 안타까운 희생으로 만들어진 제도입니다. 당시 학교폭력으로 한 중학생이 안타깝게 자살하면서 우리 사회에 '학교폭력'에 대한 인식을 바꿔놓았고, 그 대책의 하나로 교육부와 경찰청이 협력하여 '학교전담경찰관' 제도를 출범시켰습니다. 2012년 514명으로 시작한 학교전담경찰관은 2021년 기준 1,030명으로 확대되었으며 특히, 학교전담경찰관으로 인해 2013년 2.3%였던 '학교폭력 피해 경험률'이 2017년 0.9%까지 감소하는 성과를 보여주기도 했습니다. 아이가 다니는 학교의 학교전담경찰관의 연락처만이라도 알고 있다면 자녀를 지키는 데 큰 도움이 될 것입니다. 무엇보다 학교전담경찰관은 자녀를 위한 '최선의 안전망'이라는 사실을 잊지 않았으면 좋겠습니다.

그나저나 최근 3년은 코로나 때문에 우리 모두가 참 힘들었습니다. 부모에게도 아이들에게도 가혹한 시간이었습니다. 코로나로 인해 아이들은 더욱 잃은 게 많습니다. 더구나 아이의 방은 교실과 놀이터, 휴식 공간으로 채워졌지만, 어른들의 생각만큼 아이의 방이 다목적 기능을 잘 수행하는 것 같지는 않았습니다. 무엇보다 코로나가 아이들의 공간을 앗아간 것이 두고두고 아쉽습니다. 부모도 부모대로 아이의 돌봄 문제를 걱정해야 하고, 아이의 잘못이 아닌데도 공부를 안 한다고 꾸중을 들어야 하니, 부모나 아이 모두 말을 안 해서 그렇지 할 말이 참 많았을 겁니다.

몇 년간은 '격리 사회'라는 새로운 사회구조를 낳은 해였습니다. 그러면서 동시에 부모와 자녀를 위협하는 '불안 사회'를 마주하기도 했죠. 갑자기 출몰한 'N번 방 괴물'은 코로나와 함께 우리 사회를 충격으로 몰아넣기에 충분했습니다. 코로나로 인해 아이의 안전까지 살필 수 없었던 부모에게 'N번 방' 사건은 자녀의 안전을 직접 챙기는 계기가 됐으니까요. 특히, 코로나 격리로 인해 아이들의 '집콕'이 늘고, 사이버 공간에서의 활동이 일상이 되다시피 하면서, 남자아이에게는 '사이버 도박'과 '성인지 감수성'이 심각한 사회 문제로 등장했고, 여자아이들은 '온라인 그루밍'과 '성매매' 피해가 사회 문제로 떠오르기도 했습니다. 특히, 촉법소년의 아찔한 비행과 초등학생들의 '민식이법' 놀이까지 등장하면서 결국, 코로나 재난만큼 아이들의 안전을 강력히 위협하는 요소들이 범람하게 되었습니다.

이 책이 바라보는 곳은 부모였지만, 책을 내야겠다는 용기를 갖게 만든 것은 아이들이었습니다. 그래서 이 책은 고민에 가득 찬 아이와 그 아이를 안타깝게 지켜보는 부모를 향해 있습니다. 어려운 상황이지만, 이 책이 어떻게든 부모가 아이의 안전을 붙잡고, 아이를 지키는 데 작은 도움이 되었으면 좋겠습니다. 요즘 자녀 문제는 아이의 속성만큼 변화 속도가 빠르다고들 합니다. 더구나 사이버 공간에서 보내는 아이의 시간은 부모의 시간과 큰 차이를 보이는 게 사실입니다. 결국, 자녀 문제를 두고 때를 놓치면 부모가 기대했던 효과를 얻기가 쉽지 않다는 뜻입니다. 그런 의미에서 이 책이 요즘 아이들의 속도를 따라가게 해주는 책이었으면 좋겠습니다. 또, 그동안 모르고 지나쳤던 우리 아이의 고민을 친절하게 알려주는 안내서가 되기를 바랍니다.

이 책에 실린 글의 내용은 <조선에듀>에 연재한 칼럼에서 가져왔습니다. 부족한 글솜씨를 마다하지 않고, 지면을 베풀어주신 <조선에듀> 관계자분들과 용기를 내 자녀 문제를 가슴으로 털어놓아 주셨던 부모님들 그리고 언제나 저를 '꼰대' 대신 '대장님'이라 부르며 항상 응원해주는 대한민국 청소년들에게 이 책을 바칩니다.

• 목차 •

3부

위험에서 내 아이를 지키는 법

1부

10대 앞에
놓인 현실,

이대로
괜찮을까

'코로나 후유증'이
심상치 않습니다

드디어 마스크를 벗었습니다. 2020년 10월, 정부가 마스크 착용 의무를 도입한 지 566일 만이죠. 정부가 '실외 마스크 착용 의무'를 해제하면서 첫날부터 거리에서 "마스크를 벗을까 말까" 하는 눈치 게임이 시작됐습니다. 정부의 발표가 미덥지 않아서가 아니라 익숙하지 않은 탓이겠죠. 누구나 익숙한 걸 선뜻 바꾼다는 게 말처럼 쉬운 건 아닐 겁니다. 특히, 아이들은 무슨 일이든지 회복하는 데 더딥니다.

코로나가 절정일 때 소셜미디어에서 '마기꾼'이라는 신조어가 등장한 적이 있습니다. '마기꾼'은 '마스크를 쓴 사기꾼'을 뜻하는 말인데, 타인의 외모를 마스크 탓으로 돌리는 일종의 '인터넷 밈'이었죠. 딱히 부정적인 의미라기보다 10~20대 디지털 세대에게 통용되던 재미 중 하나였습니다. 아이들 사이에서도 장난삼아 '마기꾼'이라는 용어를 꽤 썼었죠. 한 중학생 여자아이도 제게 자신을 '마기꾼'이라며 "마스크 때문에 얼굴을 가릴 수 있어서 너무 좋아요"라는 말을 하기도 했습니다.

요즘 부모님들도 '탈 마스크' 때문에 한결 표정이 좋아지신 것 같더라고요. 일단, 부모님들은 돌봄 문제가 해소된 것만으로도 한시름 놓았습니다. 아이들도 엄마와 전쟁을 치르지 않아서 좋고요. 하지만 이럴 때일수록 우리가 놓쳐선 안 될 게 몇 가지 있죠. 대표적인 게 바로 아이들과 관련한 '코로나 후유증'입니다. 2년 넘게 이어져 온 '마스크 착용'과 '사회적 거리 두기'는 아이들에게 다양한 의미를 주었습니다. 어떤 아이에게는 '안전'이었지만, 또 어떤 아이에게는 '차단'이기도 했다는 거죠. 특히, 아이들에게 '차단'이란 친구들과의 '단절'을 의미하고 또 친구를 잃은 '상실'이기도 했습니다. 결국, 지금 단계에서 아이들의 온전한 일상 회복을 위한 교육과 지원이 제대로 제공되지 않으면 자칫 후유증을 낳을 수도 있다는 걸 기억해야 합니다.

대표적인 '코로나 후유증'이 바로 '등교 거부'일 겁니다. 안 그래도 최근 들어 아이들의 '등교 거부'와 관련해 메일로 상담을 요청하는 부모님들이 부쩍 늘었습니다. 아쉽게도 부모님들이 '등교 거부' 문제를 아이의 태도 문제로 잘못 해석하는 사례도 적지 않더군요. 분명한 건, 아이들의 '등교 거부'는 코로나의 영향에서 비롯된 상황의 문제이자 아이가 가진 '회복 탄력성'의 문제이지 아이들의 태도와는 거리가 멀다는 점입니다. 아이에게서 '등교 거부'의 낌새가 보이면 실랑이를 하기보다 아이가 단계적으로 회복할 수 있는 시간을 주는 게 중요합니다. 물론 부모님의 아침 시간이 힘드시겠지만 그래도 아이에게는 충분한 단계가 절대적으로 필요합니다.

반대로 아이가 학교에 잘 적응하는 것처럼 보인다고 해서 부모가 무조건 안심해서도 안 됩니다. 현재 '코로나 후유증'은 아동·청소년 연구 영역에서 중요한 주제 중 하나라서 다양한 연구기관에서 아이들의 '코로나 후유증'을 주목하고 있고, 저 또한 아이들의 '학교폭력'과 '비행' 관점에서 그 변화를 지켜보고 있습니다. 최근 들어 청소년 상담복지센터 선생님들이 학교폭력과 관련해 자주 문의를 해주고 있는데, 마치 쓰나미가 닥치기 전 나타나는 자연 징후처럼, '탈 마스크' 이후 불길한 징후들이 나타나는 것 같아 불안해하고 있습니다. 더구나 얼마 전에는 도시 주택가에서 아이들의 집단폭행 사건이 발생하기도 했죠. 중학생 무리로 보이는 여자아이들이 또래 학생으로 보이는 한 여학생을 집단폭행하는 영상이 소셜미디어에 퍼져 논란이 됐습니다. 코로나가 한창일 때는 주춤했던 집단폭행이 마스크를 벗게 되자마자 등장했다는 게 심상치 않죠.

성범죄 사안도 주목해야 합니다. 최근 들어 학교 안에서 아이들의 성 관련 사안도 부쩍 늘고 있습니다. 또 며칠 전에는 한 30대 남자가 주택가에서 초등학생 여자아이에게 성매매하자고 집요하게 따라다니는 사건이 발생해 충격을 주기도 했습니다. 아이의 신고로 범인을 체포하긴 했지만, 앞으로가 더 걱정입니다. 무엇보다 대낮에 주택가에서 멀쩡해 보이는 어른이 여리고 여린 학생의 뒤를 쫓아갔다는 게 이해가 안 됩니다. 성 사안 문의는 올해만 해도 전국적으로 초·중고를 가리지 않고 자주 들어오는 편입니다. 더구나 초등학교에서 아이들 간의 성 사안이 늘고 있어 더 걱정이고요.

원래 코로나 이후 우리가 원했던 건, 아이들의 행복한 일상 복귀이지 학교폭력의 복귀가 아니었습니다. 코로나의 여파로 이미 사이버 폭력이 늘 대로 는 상황에서 신체 폭력과 성범죄까지 다시 등장하면 아이들의 일상 회복은 그만큼 더 힘들 수밖에 없습니다. 기억하시겠지만, 지난해 방역 기준이 완화되고 등교 일수가 늘면서 아이들 사이에서 학교폭력의 달라진 징후들이 있었죠. 2020년 코로나 때문에 '전국 학교폭력 실태조사'에서 잠시 주춤했던 신체 폭력과 성범죄 유형이 2021년에는 크게 증가했습니다.

해외 사정도 마찬가지입니다. 우리보다 '탈 마스크'를 먼저 시행한 미국에서는 이미 코로나 때문에 아이들의 스마트폰 과다 사용과 소셜미디어 중독이 문제가 돼 아이들의 이상 행동들이 곳곳에서 일어났지요. 대표적으로 최근 미국 뉴욕주 한 마트에서 18세 소년이 중무장한 채 총기를 난사하는 사건이 있었고, 범행을 저지른 소년은 범행 과정을 1인칭 시점으로 인터넷에서 생중계까지 해 충격을 줬습니다. 또 미국 미주리주에서는 중학생들이 유명 소셜미디어에서 생중계로 생일파티를 하다 총격 사고가 발생해 당시 시청 중이던 6,100명의 구독자가 사망 장면을 목격하는 아찔한 사건도 있었습니다. 그야말로 미국 정부는 지금 아이들의 무분별한 '생중계 문화' 때문에 골머리를 앓고 있습니다.

어쩌면 많은 부모님이 각종 뉴스에서 '코로나 후유증'이라는 말을 듣긴 했지만, 이렇게 아이들에게 직접적인 영향이 있을지는 반신반의하셨을 겁니다. 하지만 아이들에게 닥친 상황이 그리 녹록지 않다 보니, 학교의 고민이 커진 것도 사실입니다. 학교는 정부가 '탈 마스크'를 선언하기 전부터 이미 학교폭력과 성범죄 예방 교육에 올인하고 있지만, 교육 효과에 대해서는 의문을 갖는 게 사실입니다. 또, 경찰청에서도 학교를 도와 학교전담경찰관 중심으로 예방 활동을 진행해오고 있지만, 확신이 없습니다. 결국, 이런 상황에서 부모의 도움이 필요한 건 당연할 겁니다. 그러니까 아이들의 안전을 위해서는 학교와 경찰 그리고 부모 등 '다수의 힘'이 그 어느 때보다 필요하다는 뜻입니다.

일단, 부모님들은 당분간 가정에서 '분명한 역할'이 필요하다는 인식을 가져 주세요. 또, 오늘부터 학교에서 보내는 '가정통신문'을 꼼꼼히 읽어주시고요. 지금 같은 시기에 가정통신문은 아이의 안전을 위한 정보들이 고스란히 담겨 있습니다. 기회가 된다면 관할 경찰서 홈페이지도 살펴보시고요. 그리고 아이가 학교에 오가는 모습을 눈여겨 봐주세요. 적응의 문제는 결국 아이들이 절대 숨길 수 없는 부분이라 누구보다 아이를 잘 아는 부모님이 아이의 적응 과정을 세밀하게 관찰해 주셔야 합니다. 아이의 행동에서 이전과 다른 이상한 점을 발견했다면, 먼저 학교 선생님을 통해 확인도 꼭 해주세요. 또 이 참에 그동안 아이와 못했던 외부 활동도 계획을 세워 실천해 주세요. 가족과 함께하는 외부 활동은 아이의 '회복 탄력성'에 큰 도움이 됩니다. 마지막으로 혹시라도 아이에게서 특별한 문제가 없어 보여도 섣불리 확신하지 않았으면 좋겠습니다. "모든 아이는 부모 앞에서 배우가 된다"라는 말처럼 아이가 부모를 위해 고민과 상처를 감출 수도 있으니 당분간은 지속적으로 아이를 지켜봐 줘야 합니다. 중요한 건, '코로나 후유증'을 극복할 수 있는 시기는 '바로 지금'이라는 겁니다.

아이들에게 스마트폰은
'폰'이 아닙니다

청소년기 자녀를 둔 부모에게 '스마트폰'은 골칫거리입니다. 부모와의 대화에서 쏟아내는 질문의 절반 이상은 자녀에게 스마트폰을 줘야 할지 말지에 대한 고민이었고, 부모마다 가진 의견도 꽤 다양했습니다. 스마트폰에 대한 고민은 마치 '트롤리 딜레마(Trolley Problem)'를 연상시키듯 레버를 잡고 있는 부모의 어떠한 결정도 완벽할 수 없다는 한계를 보여줍니다. 우측으로 레버를 돌리자니 자녀가 스마트폰에 빠져 헤어나오지 못할 것 같은 불안을 지울 수 없고, 좌측으로 돌리자니 또래 친구들과의 관계 유지에 어려움을 겪지 않을까 하는 조바심이 생깁니다.

스마트폰은 역사적으로 요즘 세대만이 가진 특별한 사물

입니다. 그리고 이 스마트폰은 최첨단 디지털 기술을 장착하여 우리를 마치 사물에 내면이 있는 것처럼 대하도록 노골적으로 부추기는 환경까지 만들었습니다. 미국의 시사 평론가인 '러셀 베이커'가 말한 『저항주의』처럼 우리가 사는 모든 사물의 목표는 인간에게 저항해서 끝에는 인간을 무너뜨릴지도 모른다는 '사물의 역습'을 떠올리게 합니다. 그리고 그 두려움을 가장 강력하게 전달하고 있는 사물이 바로 '스마트폰'이라는 것을 부정할 수 없습니다.

'아이에게 스마트폰을 쥐여주는 것이 바람직한 것일까?'에 대한 질문은 스마트폰의 필요성과 연결 지어 생각하면 도움이 될 것 같습니다. 자녀에게 스마트폰의 존재란 소유하지 않으면 또래 관계에서 소외되고 구별되는 동시에 또래 문화를 공유할 수 없는 공백을 경험해야 하는 문제를 안고 있습니다. 그렇게 본다면 자녀에게 스마트폰을 지급하고 안 하고의 문제는 선택의 문제라기보다 대안을 어떻게 찾을 것인가에 대한 고민이 더 중요하게 됩니다. 그럼 대안은 어떻게 찾아야 할까요? 일부 부모 중에는 스마트폰을 허락하는 대신 사용 시간과 콘텐츠를 스스로 분류할 수 있도록 자율규제를 교육하는 부모가 있는가 하면, 스마트폰을 허락하지 않는 대신 스마트폰의 부재에 대비해 자녀에게 일정 시간 동안 PC 사용으로 필요한 공백을 채우도록 하는 부모도 있고 또, 자녀와 함께 부모도 스마트폰을 사용하지 않고 가족의 규범을 공동으로 실천하는 부모도 있습니다.

　강연회를 위해 전국 서점을 방문하면서 느낀 것은 그곳에서 만난 아이 중 누구도 스마트폰을 보고 있는 아이는 없었다는 점입니다. 부모 손에 이끌려 서점에 온 아이 대부분은 스마트폰 대신 책을 쥐고 있었고, 엄마와 함께 책을 보며 이야기를 나누는 모습이 신기할 정도로 흥미로웠습니다. 결국, 스마트폰에 대한 고민의 해답은 부모의 '대안'과 합의된 '규범'에서 찾아야 합니다. 스마트폰을 허락하지 않겠다면 자녀가 감당해야 할 스트레스를 어떻게 풀어줄 것인지와 또래 관계와의 공백을 어떻게 채워 줄 것인가에 대한 고민도 함께 뒤따라야겠습니다. 그리고 부모로서 자녀의 스마트폰을 대하는 방식이 '허락'에만 한정되어서는 안 된다고 생각합니다. 왜냐하면, 자녀에게 스마트폰을 줄지 말지에 대한 고민보다 아이 손에 쥐어진 스마트폰의 '정체'를 제대로 이해하는 태도가 더 중요하기 때문입니다. 지금까지 우리는 스마트폰이라는 용어를 사용하면서 은연중에 자녀의 스마트폰을 전화기의 개념으로 이해해 왔던 것이 사실입니다. 그래서 우리는 그토록 자녀의 스마트폰에 대해 관대하고 무감각했는지도 모르겠습니다. 하지만 지금부터는 자녀의 스마트폰을 정면으로 바라볼 수 있는 이해력이 필요합니다. 그래서 제가 하는 질문은 중요해질 수밖에 없습니다.

　"우리 아이의 스마트폰은 '폰'일까요? '폰'이 아닐까요?"

　아이들에게 스마트폰은 '폰'이 아니라 초고속 인터넷이 장착된 휴대용 컴퓨터이자 휴대용 카메라이며, 또 휴대용 오디오이자 수많은 영상을 마음대로 골라 볼 수 있는 미디어 플레이어입니다. 여기에 빵빵한 와이파이까지 있다면 아이는 얼마든지 지역과 국가를 넘나들 수 있는 무비자 여행객이 됩니다. 이렇게만 보면, 마치 스마트폰이 자녀에게 완벽한 사물로 보이지만 사실 스마트폰이 감추고 있는 목적은 다른 데 있습니다. 그것은 바로 스마트폰 안에 존재하는 '사이버 공간'입니다. 이 '사이버 공간'은 '무통제', '무감각', '무보호'라는 최적화된 3대 요소를 갖춘 채 재미와 다양성으로 아이를 위협하고 있습니다. 쉽게 말해, 스마트폰 속에는 저 같은 경찰관도, 학교 선생님도, 게다가 부모는 더더욱 존재하지 않는다는 뜻입니다.

극단적인 예로, 밤늦은 시간에 자녀를 술집이 밀집한 골목길에 방치하고 돌아올 수 있는 부모가 몇 명이나 될까요? 말도 안 되는 이야기죠. 그런데 어찌해서 스마트폰은 술집보다 더 위험한 골목길이 많은 곳인데도 불구하고 우리는 자녀가 늦게까지 스마트폰을 하도록 내버려둘 수 있을까요? 손가락 터치 한 번이면 선정적인 콘텐츠를 볼 수 있고, 왜곡된 정보를 학습할 수 있는가 하면, 사이버 도박에 입문할 수 있는 곳이 스마트폰 안에 있는데 말입니다. 맞습니다. 저는 지금 스마트폰에 대한 부모의 정확한 인식이 필요하다는 것을 말하고 있습니다. 부모는 자녀의 스마트폰을 허락하고, 안 하고의 문제 이전에 스마트폰이 '폰'이 아니라는 정확한 인식에서 출발해야 한다는 것을 이해해 주었으면 좋겠습니다. 그래야 앞으로 자녀에게 일어날 수 있는 그 어떤 '스마트폰의 역습'에도 대비할 수 있습니다.

이렇게 되면 우리는 이번 글에서 중요한 두 가지를 얻었습니다. 하나는 스마트폰에 대한 정확한 인식이 곧 자녀를 안전하게 지켜주는 태도가 될 거라는 사실과 두 번째는 스마트폰의 사용에 있어서 반드시 뒤따라야 하는 것이 바로 부모와 자녀가 함께하는 '규범의 완성'이라는 것입니다. 부모에게 이 두 가지가 중요한 이유는 스마트폰이 아이 손에 쥐어지면서 부모는 점점 더 자녀를 관찰하기 힘들어졌고, 또 스마트폰 속 아이의 행동을 알 방법이 사라졌다는 사실 때문입니다. 오늘부터 자녀의 스마트폰은 절대 '폰'이 아니라는 사실을 인식하고 무엇을 해야 할 것인가를 고민해야겠습니다.

난폭해지는
초등학생들

"선생님과 경찰관을 아동학대로 신고하겠습니다."

문장에서 느껴지는 말투가 얼핏 봐서는 꽤 묵직하면서도 곤두서 보이죠. 지난 몇 년간 우리 사회가 예민하게 접근하는 사회적 모순 중 하나가 바로 '아동학대'라는 걸 모르는 부모님은 없을 겁니다. 그런데 이 말을 초등학생 아이가 자기방어를 위해 했다고 하면 어떨까요? 아이도 아동학대가 어른들에게 큰 무기가 될 수 있다는 걸 알고 있다는 뜻이겠죠.

지난 5월, 한 초등학교 교실에서 5학년 남학생이 학교 선생님과 동급생에게 폭언과 협박을 해 논란이 일었습니다. 해당 뉴스를 살펴보니, 초등학생 남자아이는 이전 학교에서 문제를 일으켜 강제 전학을 왔고, 아이가 등교한 첫날, 선생님이 아이에게 새 교과서를 나눠주자 아이는 다짜고짜 자신에게 왜 훈계하냐며 욕을 했다고 하죠. 참고로 강제 전학이라면 가벼운 사안은 아닐 겁니다. 게다가 며칠 뒤에는 같은 반 동급생에게 주먹을 휘두르기도 하고 걸핏하면 수업시간에 자신의 태블릿 PC로 음악을 크게 틀어 수업까지 방해해 이를 말리던 선생님과 학교장에게까지 욕을 했다고 하더군요. 나중에는 학교가 아이를 감당하지 못하자 경찰에 도움을 요청했는데, 아이는 출동한 경찰관에게도 자신의 행동을 제지했다며 아동학대로 신고하기까지 했습니다. 도무지 초등학교 5학년 남자아이의 소행이라 보기에는 이해가 안 될 정도였죠.

하지만 문제는 이러한 비상식적인 행동을 하는 초등학생들이 점차 늘고 있다는 겁니다. 얼마 전에는 한 초등학생이 교내에서 싸움을 말리는 담임 선생님을 흉기로 위협해 충격을 주기도 했고 특히, 지난달에는 초등학교 6학년 남학생이 3학년 후배들에게 엽기적인 성폭력을 가해 학교와 부모가 충격에 빠졌습니다. 또 학원 화장실에서 초등학교 6학년 남학생이 몰카를 찍다 적발되기도 했고요. 듣고 보면, 나열한 사례 대부분이 이미 일부 중·고등학생들에게 일어났던 사례라는 걸 짐작할 수 있습니다. 이 정도면 사실 초등학생들의 사고와 행동에 주목하지 않을 수 없습니다. 맞습니다. 저는 지금 "요즘 초등학생들이 난폭해지고 있다"라는 걸 알려드리는 겁니다.

초등학생들이 난폭해지고 있는 사례는 해외도 크게 다르

지 않습니다. 지난 3월에는 미국 한 초등학교에서 백인 학생들이 흑인 학생들을 놓고 '노예 경매' 놀이를 하는 일이 벌어져 미국 사회가 충격에 빠졌습니다. 문제는 흑인 아이들이 350달러(43만 원)에 팔린 것도 모자라 백인 아이들 사이에서 노예를 잘 다루는 '노예 마스터'까지 있었다고 하더군요. 또, 지난달에는 초등학교 5학년 남자아이가 소셜미디어에 대규모 총격을 가하겠다는 내용을 올렸다가 체포되기도 했습니다. 요즘 미국에서는 총격 사건이 1년에 600여 건이 발생하며 국가적 문제로까지 확대되고 있어 초등학생들 사이에서는 방탄조끼가 필수라고 합니다. 또, 얼마 전에는 초등학생들이 소셜미디어로 생일파티를 생중계하면서 총기를 가지고 놀다 사망하는 일이 벌어져 충격을 주기도 했고요.

늘 말씀드리지만, 부모는 디지털 시대를 사는 만큼 아이 안전과 관련한 통계에 민감해야 합니다. 무엇보다 '학교폭력 실태조사'에서 초등학생들의 학교폭력이 중·고등학생에 비해 가파르게 상승하고 있고, 사이버폭력 실태조사에서 초등학생들의 사이버폭력이 증가하고 있는 걸 주목할 필요가 있죠. 그리고 아이들의 가해에는 특별한 이유가 없다는 것도 빼놓을 수 없습니다. 연구 통계에서 가해 이유가 대부분 장난이거나 재미 또는 특별한 이유가 없다는 건, 아이들 사이에서 폭력이 폭력 아닌 놀이나 장난으로 인식되고 있다는 것도 주목해야 합니다.

여기에 선생님들의 '교권 침해' 통계도 주목해주세요. 학교에서 교권 침해 사례가 점점 증가하고 있고 특히, 초등학생들의 교권 침해 사례가 증가하고 있다는 사실도 지나쳐서는 안 됩니다. 특히, 얼마 전 여성가족부에서 발표한 '2022 청소년 통계'에서 아이들의 스마트폰 과의존 현상과 동영상 매체 이용률이 계속해서 증가하고 있는 점도 기억할 필요가 있습니다. '스마트폰 과의존'이 아이들의 공격성과 직접적인 연관성이 있는지는 찾기 쉽지 않지만, 여러모로 의심되는 부분이라는 건 부정할 수 없죠. 게다가 초등학생들의 '성인 콘텐츠 이용률'이 중·고등학생에 비해 급격하게 증가하는 것도 걱정입니다.

방법을 찾기 전에 '한숨'이 답이 될 수는 없습니다. 인식만 하고 행동이 드러나지 않으면 쓸모없는 것도 마찬가지고요. 무엇보다 초등학생들이 난폭해지는 원인에는 다양한 요인들이 거론되지만, 많은 전문가가 코로나를 의심하고 있습니다. 보호자나 교육자 없이 아이들만 있으면 문제가 생기는 법이죠. 스마트폰 속 공간이 그런 곳입니다. 게다가 2년 넘게 이어져 온 코로나 때문에 아이들은 이미 균형을 잃었습니다. 학습 격차가 단순히 학습만의 문제가 아니라 아이들의 집중력을 떨어뜨리고 그러면서 재밌는 콘텐츠로 눈을 돌리게 되는 계기를 마련했을 수도 있지요. 여기에 오랫동안 스마트폰에 노출된 상황을 고려하면 아이들의 행동과 사고는 일단, 자녀의 스마트폰 관리에서 먼저 해답을 찾을 필요가 있습니다. 특히, 부모는 아이들이 주고받는 과다한 정보량과 진지한 태도를 상실한 아이들의 또래문화를 주목해야 하고요. 요즘 아이들의 행동은 오프라인이든 온라인이든 철저하게 집단적 경향을 보인다는 것 역시 잊어서는 안 됩니다.

최근 경기도 교육원 연구에 따르면, 코로나 19 발생 이후 초등학생 자녀를 둔 부모의 자녀 돌봄 시간이 하루 평균 1시간 이상 증가했다고 하더군요. 비맞벌이 가구 여성의 자녀 돌봄 노동이 가중됐다는 연구 결과도 있었습니다. 다시 말해, 코로나가 풀리니까 어머니의 '돌봄 쏠림' 현상이 더 심해졌다는 뜻이죠. 초등학생 자녀를 둔 부모라면 오늘부터 아이의 안전을 위해 어머니뿐 아니라 아버지도 함께 행동해줬으면 좋겠습니다. 누누이 말씀드리지만, 아이들의 복잡한 디지털 환경에서는 어머니 혼자 급격히 성장하는 아이를 감당하기란 쉽지 않습니다. '돌봄 격차가 곧 아이들의 안전 격차'라는 걸 다시 한번 강조해 봅니다.

아이들이 혐오를
배우고 있습니다

한 대학생이 7급 공무원 채용 시험에 합격했습니다. 7급 시험은 경쟁률이나 시험 과목 면에서 9급 시험보다 합격하기 더 어렵다죠. 시험 준비 기간도 최소 몇 년 더 걸린다는 이야기도 있습니다. 그만큼 이 학생이 얼마나 고생하며 시험을 준비했는지 짐작할 수 있지요. 어쨌든 대학생 신분으로 7급 시험에 합격했다는 건, 학생에게는 내세울 만한 든든한 직장뿐만 아니라 부모에게도 이만한 효도가 없을 겁니다. 그런데 합격의 기쁨도 잠시 학생은 뜻하지 않은 이유로 '합격이 취소될 위기'에 놓였습니다. 알고 보니, 이 학생은 반사회적인 게시물들로 유명한 특정 커뮤니티 사이트에서 패륜적인 성희롱과 약자 혐오를 일삼던 이용자로 밝혀졌고, 합격하자마자 합격 안내 문구를 캡처해서 "일*가 있어 오늘 이 자리가 있었습니다"라는 인증샷까지 올렸다고 하더군요. 한 익명의 제보자가 '국민청원 게시판'에 "약칭 '일*' 사이트에서 성희롱 글과 장애인 비하 글 등을 수없이 올린 사람의 7급 공무원 임용을 막아달라"라는 글을 올리며 이 문제가 수면 위로 떠올랐습니다. 곧 현업에 배치될 예정이었던 학생은 한순간에 나락으로 떨어졌습니다. 뒤늦게 자신이 올린 게시물은 모두 거짓으로 꾸민 것이라고 변명했지만 믿어주는 사람은 없었습니다. 더구나 학생은 이 사실을 알게 될 부모를 걱정하고 있었습니다.

인공지능 챗봇(채팅 로봇) '이루다'가 출시된 지 3주 만에 서비스를 중단한 일이 있었습니다. '이루다'는 일종의 인공지능 채팅 로봇입니다. 대화 능력 지표가 78%를 기록할 정도로 사람의 대화 능력과 거의 흡사하다고 해서 출시 전부터 큰 주목을 받았지요. 지난해 저도 혹시 대화가 필요한 아이들에게 도움이 될 수 있을지 궁금해서 '이루다'와 친구를 맺기도 했습니다. 나이는 스무 살, 요즘 아이들처럼 블랙핑크를 좋아하는 평범한 여성의 캐릭터를 보여줬지만, '이루다'는 출시된 지 한 달도 채 되지 않아 성희롱을 옹호하고, 사회적 약자를 비하하는 모습을 보여 퇴출당하고 말았습니다. 특히 '이루다'와 대화를 나눈 40만 명 중 85%가 10대 아이들로 밝혀지면서 요즘 아이들의 '혐오 표현'이 다시 도마 위에 오르기도 했습니다.

진즉에 저는 요즘 아이들의 거친 표현을 두고 "우리 사회

가 아이들의 '말'을 붙잡았어야 했다"라는 소회를 밝힌 적이
있습니다. 말은 아이의 생각을 여과 없이 드러내고, 아이의 행
동마저 지배하는 핵심적인 역할을 한다고 거듭 강조한 적이 있
지요. 아이들의 '말'이 고약스럽게 변한 건 어제오늘 이야기가
아닙니다. 그렇다고 아이들이 말을 손수 제작했다고 보기도 힘
들죠. 아이들이 인터넷이라는 환경과 스마트폰이라는 도구를
이용해 일상에서 디지털 공간을 장벽 없이 마음대로 돌아다니
다 보니 우연히 특정 사이트를 발견한 것뿐입니다. 그리고 그
곳에서 사용하는 언어를 따라 하며, 자기들끼리 전파하고 다시
그들의 문화로 만들었을 뿐이죠. 하지만 삐딱하게 만든 어른
들의 언어는 아이들에게 '언어유희'라는 재미를 안겨줬고, 욕
설인 듯 욕설 아닌 욕설 같은 효과를 주면서 이후 아이들 세대
에서 큰 인기를 누리고 있습니다. 대표적인 언어가 바로 '야민
정음'과 '급식체'입니다.

'야민정음'은 2014년 무렵 20대 젊은 층이 즐겨 찾는 특
정 편향 사이트에서 시작된 글자입니다. 글자의 자음과 모음
의 배치를 마음대로 해석해서 독특한 표현을 만든 글자죠. 대
표적인 게 '멍멍이'를 뜻하는 '댕댕이'입니다. '멍' 자를 '댕'자
로 해석한 것이죠. '급식체' 역시 2016년 무렵 특정 사이트에서
유행하며 만들어진 글자입니다. 처음에는 20~30대 젊은 층이
게임에 참여한 10대 아이들의 매너 없는 행동을 가리켜 '급식
충'이라 부르기 시작했고, 이후 10대 아이들의 개념 없는 언어

표현을 흉내내며, 상대를 비하하거나 혐오하는 행동을 표현할 때 자주 사용하곤 했습니다. 대표적으로 어미에 '~충'을 붙이거나 '응, 아니야', '앙 기모띠' 등이 있습니다.

　이 지점에서 주목해야 할 부분은 '야민정음'과 '급식체'의 차이입니다. '야민정음'이 글자 자체를 즐기는 거라면 '급식체'는 사람을 목표로 삼습니다. '급식체'가 아이들에게 상대를 혐오하거나 비하하는 데 최적화된 글자로 인식되고 있다는 것이죠. 물론 '급식체'를 쓴다고 해서 모든 아이가 혐오를 즐기는 건 아닙니다. 단순히 세대 문화를 건전하게 즐기는 아이들도 많습니다. 하지만 N번 방 사건에서 가해자들이 나눴던 대화 혹은 피해자에게 협박과 성 착취를 할 때 사용했던 대화에 '급식체'가 있었다는 점을 무심코 지나쳐서는 안 됩니다.

　몇 년 전, 또래 아이들이 왜 특정 편향 사이트를 찾는지 한 고등학생이 그 이유를 연구하고 보고한 논문을 읽은 적이 있습니다. 논문에서 눈에 띈 대목은 아이들이 특정 편향 사이트를 찾는 건 '자극적인 콘텐츠'가 많다는 이유 때문이었습니다. 학교에서 가르쳐주지 않는 정치와 사회현상에 대한 해석을 배울 수 있어서 찾는다고도 했습니다. 그러니까 특정 사이트에서 활동하는 아이들은 자신이 정치와 사회를 배운다는 사실만으로 다른 아이들이나 선생님, 부모님보다 월등하다고 느꼈습니다. 아이들에게 논증은 중요하지 않지요. 지금 아이들에게 특정 편향 사이트는 재미있는 '유머'와 '짤'을 구하는 공간이 아니라 아이들의 언어와 정서, 가치관을 통째로 뒤흔들 수 있는 '조작 가능한 공간'이라는 점에 주목해야 합니다. 우리 아이가 특정 편향 사이트에 출입하는지 알려면 최근 쟁점이 되는 사건들을 가지고 아이의 생각을 물어보면 됩니다. 이는 정치와 사회 문제에 대해 가족끼리 토의하고 부모가 나서서 올바른 해석을 도와주는 시대가 되었다는 뜻이기도 합니다.

　부모는 아이의 생각을 쉽게 알아차리기 힘듭니다. 아이들은 잘 숨기기도 하니까요. 아이가 말하지 않으면 부모는 아이의 보이는 모습만 믿게 됩니다. 부모는 과거 또는 현재의 혐오나 비하 같은 표현이 아이의 소중한 한때를 앗아갈 수 있다는 걸 알아야 합니다. 얼마 전에는 유명 인터넷 강사가 다른 강사를 비난하는 댓글을 조작했다는 의혹을 받아 충격을 주기도 했습니다. 한 어른의 잘못된 행동으로 애꿎은 아이들만 피해를 본 셈이죠. 학원과 부모는 아이들의 공부를 걱정하고 있지만, 정작 저는 아이들이 그 강사로부터 배웠을 또 다른 공부를 주목하지 않을 수 없습니다. 부탁드리건대, 오늘부터 아이의 말에 귀 기울여 주세요. 아이의 '말'을 고쳐주면 아이의 '생각'도 고칠 수 있습니다. 아이의 잘못된 행동을 바꾸는 좋은 방법은 부모가 아이의 말을 붙잡고 다듬는 데서 시작한다는 걸 잊지 않았으면 좋겠습니다.

룸카페와 무인텔을
찾는 아이들

지난해 12월 25일, 스키강사였던 20대 남자가 초등학교 6학년 여학생을 무인텔로 데려가 성폭행한 사건이 있었습니다. 당시 범인은 아이에게 조건만남을 이야기하며 성매매를 권유했고, 아이가 거부하자 강제로 성폭행한 사실이 알려졌죠. 더구나 범행 장소가 '무인텔'이다 보니 덩치 큰 성인이 어린아이와 함께 투숙하는 게 어렵지 않았던 것으로 보입니다. 아이는 동네 오빠들이 크리스마스 파티를 함께 하자는 말에 따라 나갔다가 '악몽의 크리스마스'를 보내야 했죠. 피해당한 아이를 생각하면 저는 지금까지도 분이 삭지 않습니다.

최근 아이들의 범죄 관련 뉴스를 보면 '무인텔'이라는 공통된 장소가 자주 등장하는 걸 볼 수 있습니다. 다른 말로 범인에게는 사람들의 시선이 없는 '무인텔'만큼 범행하기에 좋은 장소가 없었다는 말이겠죠. 지금의 무인텔은 외부에서 객실로 들어가기까지 아무런 제재를 받지 않는 시스템을 갖추고 있어 범인이 키오스크에 돈만 넣으면 쉽게 객실로 이동할 수 있고, 차량을 이용한 입실은 주차공간에서 객실이 바로 연결되어 있어 CCTV에도 잘 띄지 않습니다. 무인텔 같은 숙박업소의 인기는 성인인증 절차 없이 예약할 수 있도록 한 애플리케이션들이 등장하면서 더 커진 것으로 보입니다.

지난 2020년 「중소기업중앙회」가 중소숙박업체 500개를 대상으로 설문 조사한 결과를 보면, 숙박업소 업주들이 운영상 가장 어려운 점으로 꼽았던 것도 '미성년자 혼숙 예약'이었습니다. 교복을 입지 않으면 육안으로는 구분하기 쉽지 않다는 뜻이죠. 하지만 숙박업소들이 숙박 애플리케이션을 통해 올리는 매출액이 전체 매출액의 약 64%를 차지하는 것으로 나타나 업주들의 진심을 확인하기는 어렵습니다. 그렇다고 모든 업주가 범죄를 조장하고 탈선을 방관한다는 뜻은 아닙니다. 최근 한 방송 프로그램에서 중학생들이 업주를 속이고 무인텔에 투숙하여 술을 먹고 난동을 부려 업주가 하소연하는 장면을 담기도 했습니다. 당시 방송 영상에는 아이들이 술에 취한 채 알몸으로 복도를 뛰어다니는가 하면, 객실 안에 깨진 술병과 파손된 기물들이 어지럽혀져 있는데도 아이들은 업주와 경찰관에게 "촉법소년인데 죽여봐"라고 말해 그야말로 충격을 금치 못했습니다.

　최근에 '청소년 모텔'로 불리는 '룸카페'가 인기를 얻는 것도 걱정입니다. 룸카페는 2011년 당시 청소년 유해업소로 지정된 '멀티방'의 변종 업소라 할 수 있습니다. 시간당 5천 원에서 많게는 8천 원을 지불하고 로비에 진열된 각종 다과와 음료, 분식까지 마음껏 이용할 수 있습니다. 지정된 방에 들어가면 단둘이 OTT(Over-the-top media service) 드라마나 영화까지 자유롭게 볼 수 있어 아이들에게 인기가 많지요. 물론 여기까지만 제대로 지켜진다면 '룸카페'는 아무런 문제가 없습니다. 하지만 룸카페에서 제공하는 방이 교묘하게 '밀실'의 형태를 갖추고 있다는 게 문제입니다. 한 평 남짓한 규모에 밀실 바닥에는 편안하게 누울 수 있는 매트가 깔려있고, 기댈 수 있는 푹신한 쿠션까지 마련되어 있죠. 쿠션 옆에 휴지와 물티슈가 있는 건 말할 것도 없고요. 특히, 밀실은 간이 칸막이를 설치해서 방음이 안 되는데다 시정 장치는 없지만 정작 외부에서 내부를 확인할 수 있는 창문도 없습니다. 설령 창문이 있다 해도 대부분 암막 시트지를 붙여놔 내부를 볼 수 없게 해놨죠. 이렇게 되면 밀실 안에서 아이들이 뭘 하는지 알 수 없고 아이들이 술을 가져와 마셔도 업소는 모를 수밖에 없습니다. 검색창에서 '룸카페'라고 검색만 해도 10대 청소년들의 탈선을 문제 삼는 글들이 수북이 쌓여 있더군요. 또, 한 동영상 콘텐츠에는 고등학생들이 출연해 청소년 문화를 알려주는 대목에서 여학생들의 첫 성 경험 장소로 '룸카페'를 지목하기도 해서 놀랐습니다.

내용을 좀 더 알고 싶어서 고등학교에 다니는 한 남학생에게 룸카페를 물었더니 학생은 아무렇지 않게 "여자친구가 있는 남자애들이라면 한두 번은 룸카페를 이용했을 겁니다"라고 하더군요. 가격에 비해 그렇게 좋은 곳이 없다면서 말이죠. 게다가 요즘은 중학생들이 더 많이 이용해서 오히려 고등학생이 가기에는 민망한 곳이라고도 했습니다. 학생이 들려준 이야기 중 더 충격적이었던 건, 바로 '룸카페' 제목으로 불법 영상물이 돌아다닌다는 것이었습니다. 실제 포털 사이트에서 '룸카페 야동'이라고 검색했더니 내용은 볼 수 없지만, '불법 촬영물'로 의심되는 룸카페 제목들이 끊임없이 나오더군요. 90년대의 '비디오방'이 불법 촬영물의 생산지로 전락한 것처럼 룸카페도 같은 모습을 보이고 있었습니다.

'무인텔'과 '룸카페'의 문제는 관련 법이 허술하고 법을 악용하는 과정에서 시작되었다는 걸 의심하지 않을 수 없습니다. 하지만 아이들만 걱정해서 법 개정을 고집하면 논란이 되는 부분이 적지 않은 것도 사실이죠. 아이들의 탈선을 부추기는 시설과 출입을 제한할 수 있는 검증 절차가 부실한 건, 법의 개정을 떠나 여성가족부 등 관련 기관들의 대처가 필요해 보입니다. 자치단체의 인허가 규정을 강화하고 조례 발동도 고민해야겠죠. 그러나 아무리 법을 고치고 새로 만들어도 '비디오방'을 모방한 '멀티방'이 다시 '룸카페'로 진화했기에 언제든지 룸카페를 대신할 다른 무언가가 또 등장할 수 있다는 뜻이죠.

아이를 안전하게 지키기 위해서는 부모와 아이의 공통된 인식에서 해결책을 찾을 수밖에 없습니다. 물론 사회 전체가 거들어주면 더없이 좋겠지만요. 이제 부모는 아이가 룸카페를 간다고 말하면 "조심해", "잘 놀다 와"라는 말로 끝나서는 안 될 것 같습니다. 다른 사람들의 탈선을 구경하는 것만으로도 아이들은 영향을 받을 수 있거든요. 아이가 친구들과 '룸카페'를 이용한 적이 있는지, 다행히 가지 않았다더라도 아이들과 '룸카페'의 실상을 공유할 필요가 있습니다. 어쨌든 부모가 아이와 대화하다 보면, 아이가 '룸카페'와 '무인텔'의 위험성을 감지하는 안전한 시각을 가질 수 있거든요.

무인점포에서 아이들이 물건을 훔치는 행위와 무인텔에서 비행하고, 룸카페에서 탈선하는 행위가 크게 다르지 않다고 생각합니다. 이 셋의 공통점은 바로 "아이들을 보호할 장치가 없다"라는 데 있죠. 여기서 보호 장치라는 건, 아이들이 나쁜 선택 말고 본래 가진 착한 생각을 이끄는 '선행(善行) 장치'를 말합니다. 그런 측면에서 룸카페와 무인텔은 다시 한번 우리 아이들에게 보호자와 교육자의 관심이 얼마나 중요한지 잘 보여주는 사례입니다. 아이들에게 안전장치가 없는 공간은 언제든지 위험할 수 있다는 사실을 꼭 알려주세요.

초등학생들이
담배를 구매합니다

요즘 '짧고 강한' 콘텐츠가 대세이다 보니 예전에 주목받지 못했던 한국 단편 영화들이 인기를 얻고 있습니다. 특히 '스낵 컬처(Snack Culture)' 세대인 아이들에게 '왓챠'나 '넷플릭스' 같은 OTT 서비스 동영상은 일상이 됐죠. 그래서 몇 달 전, 저도 큰마음 먹고 왓챠에 가입했습니다. 한 번 가입했더니 온 가족이 다 함께 서비스를 누릴 수 있어서 좋더군요. 한 푼이 아쉬운 두 아들에게 인심 쓰듯 계정을 나눠주는 재미도 꽤 괜찮았고요. 왓챠에 가입하고 모처럼 영화를 본답시고 고른 영화가 '대리 구매'라는 단편영화였습니다. 올해 개봉한 영화인데다, 주제 또한 요즘 아이들과 밀접한 내용이어서 망설이지 않았죠. '대리 구매' 영화는 최근 아이들 사이에서 유행하고 있는 '대리 구매' 일명 '댈입'의 내용을 짧고 강하게 다루고 있습니다.

영화에서 40대 가장으로 보이는 한 남자는 부업으로 중·고등학생들에게 담배를 배달하며 수수료 3천 원을 챙깁니다. 하지만 남자는 자신에게 담배 셔틀을 시킨 사람이 초등학생이라는 걸 알게 되고, 아무리 아이들에게 담배를 팔고 있지만, 초등학생에게 담배를 파는 건 아니라고 생각해 담배 판매를 강하게 거부합니다. 그러면서 아이와 남자가 실랑이를 벌이고, 아이는 다시 다른 대리 구매 업자에게 연락해 담배를 사려고 해보지만 이마저도 40대 남자가 못 사게 가로막죠. 결국, 아이는 아저씨를 벗어나 집으로 가더니 한 놀이터에서 한 고등학생에게 웃돈을 주고 담배를 사면서 영화는 끝납니다. 맞습니다. 초등학생에게 담배를 팔았던 고등학생은 바로 40대 남자로부터 담배를 샀던 학생이었죠.

제게 영화의 내용이 놀랍지 않았던 건, 지금 아이들의 담배 대리 구매가 소수점에 해당하는 작은 수치가 아니기 때문입니다. 초등학생들의 흡연율이 증가하는 이유 또한 '대리 구매'와 무관하지 않고요. 해당 기관에서 내놓는 아이들의 흡연율 통계가 매년 감소한다곤 하지만, 정작 아이들은 통계와는 다른 이야기를 합니다. 알다시피 '대리 구매'라는 신종 직업이 있기 전에는 초등학생이 담배를 산다는 건 거의 불가능했습니다. 마음조차 먹지 못했죠. 중·고등학생이야 신체적으로 발육이 좋아서 가게 업주가 성인으로 착각할 수 있다고 하지만, 초등학생은 누가 봐도 초등학생이니까요.

하지만 대리 구매의 등장으로 초등학생들이 손쉽게 술과 담배를 구매하는 사례가 늘었고, 또 최근에는 부모 명의를 도용해 전자담배를 구매하는가 하면 구매 대리 홍보 문자에는 성 기구까지 판매한다고 부추기고 있어 걱정이 이만저만 아닙니다. 아이들의 담배 대리 구매는 인터넷 커뮤니티보다는 개인 소셜미디어 공간에서 자주 이뤄집니다. 그래서 아이들의 소셜미디어를 확인하지 않으면 아이가 무엇을 하는지 알 수 없죠. 최근에는 성 착취물과 마약성 약품 거래까지 드러나면서 일반 소셜미디어보다 보안이 강한 플랫폼으로 이동하고 있는 추세입니다.

더 큰 문제는 구매 대리 업자들이 여학생들을 겨냥해 다른 목적으로 접근할 수도 있다는 점입니다. 그러니까 여학생에게는 수수료를 받지 않고 '무료로 담배를 구매해 준다'라고 홍보하면서 성범죄를 노리는 거죠. 실제 사례에서도 한 대리 구매 업자가 여학생에게 담배를 구매해 주고 수수료 대신 성적 만남을 요구했다가 거절당해 스토킹한 사실이 밝혀졌고, 또 최근에는 담배 심부름을 해주고서 수수료 대신 유사 성행위를 요구하다 아이의 신고로 한 남성이 체포되기도 했습니다. 다시 말해, 부모는 아이들의 '대리 구매'문화를 단지 담배와 술로 한정해서는 안 된다는 뜻입니다. '대리 구매'는 엄연히 아이들에게 유사 범죄로 이어질 수 있는 아찔한 행동이라는 걸 꼭 인식해

주세요. 아이가 '대리 구매'에 대해 알고 있는지를 점검해주시고, '대리 구매'를 목격하게 되면 학교 선생님이나 부모에게 무조건 알려 달라고 약속을 꼭 받아주시면 좋겠습니다. 이런 주제의 대화는 의심의 눈초리를 거두어야 대화가 진행될 수 있다는 것도 기억해주시고요. 아이들이 하지 않는다고 해서 안심할 수 없는 게 바로 아이들과 연결된 '유해 매체'와 '유해물질'입니다.

최근에 저는 학부모님들에게 아이들의 문제를 아이의 문제가 아닌 또래 집단이 가진 '밈(meme)'의 문제로 접근해달라는 이야기를 하곤 했습니다. 그러면서 '행동 전염'도 강조했지요. 그러니까 아이들의 행동에는 그 행동을 부르는 문화나 유행이 존재하고 특히, 디지털 세대인 요즘 아이들은 인터넷에서 접한 잘못된 문화가 전염처럼 형성되기 쉽다는 뜻이라고 했습니다. 따라서 아이들의 '대리 구매' 또한 심각한 '밈'으로 생각해주시면 어떨까요. 부모가 모르는 사이 또래 집단에서 잘못된 문화가 만들어지면, 우리 아이는 '선택의 주체'가 아니라 '필연적 주체'가 되기 쉽습니다. 시대를 막론하고 '밈'이 우리 아이들의 행동을 바꾼다는 사실을 절대 잊어서는 안 됩니다.

아이들이 <오징어 게임>을
어떻게 알까?

얼마 전, 우체국에 택배를 부치러 가다가 우연히 초등학생 고학년으로 보이는 남자아이들의 대화를 듣게 되었습니다. 아이를 좋아하다 보니 길거리에서 아이들 목소리만 들려도 절로 고개가 돌아가곤 하는데, 이번에는 아이들 뒤를 따라가다 보니 자연스레 대화를 들을 수 있었지요.

"난 설탕 뽑기 장면. 달고나 혀로 핥는 거 봤지?"

"맞아. 다른 사람들이 그거 보고 다 따라 했잖아, 하하."

"나중에 1초 남겨두고 성공할 때 완전 오그라들었어."

"난 무궁화 꽃이 피었습니다. 총 쏘는 거 봤지. 빵! 빵! 빵!"

"난 딱지치기. 딱지 쳐서 지니까 뺨 맞는 거 봤지? 하하 실컷 뺨 맞고 겨우 이겼는데 돈 주니까 못 때려 하하.”

　아이들은 최근 한창 뜨거웠던 ‘오징어 게임’ 드라마에 관해 이야기를 나누고 있었습니다. ‘기생충’과 ‘미나리’로 한국 영화가 대형 사고를 친 지 1년도 안 돼서 이번에는 드라마 부문에서 제대로 사고를 쳤습니다. 들자니, 무려 80개국에서 이 드라마가 방영되었다고 하는데 80개국이면 말 그대로 전 세계 사람들이 ‘오징어 게임’을 다 본 거나 다름없죠. 게다가 드라마 때문에 우리나라 전통놀이를 따라 하는 ‘오징어 게임 신드롬’까지 생겼다는 보도도 있었습니다.

　‘오징어 게임’ 드라마의 인기가 이렇다 보니, 이슈에 민감한 우리 아이들이 모를 리 없겠죠. 앞선 대화 내용처럼 이미 아이들 사이에서 ‘오징어 게임’은 필수 대화 소재가 됐습니다. 그만큼 아이들 사이에서 ‘오징어 게임’을 모르면 대화에 낄 수 없다는 뜻이기도 하죠. 더구나 지금 아이들 사이에서는 ‘청소년 관람 불가’ 등급인 ‘오징어 게임’을 봤다는 것만으로도 인기를 독차지한다더군요. 얼마 전 초등학교 6학년 조카에게도 ‘오징어 게임’에 관해 물었더니 조카도 드라마 내용을 잘 알고 있었습니다. 그러면서 조카는 학교에서 ‘오징어 게임’ 이야기밖에 안 한다고 했습니다. 또, 아이들 대부분은 인터넷 동영상 플랫폼에서 드라마를 본다고 하고, 몇몇 아이들은 부모님 스마트폰으로 드라마를 시청하거나 불법 사이트에서 내려받아 본다고 했습니다.

동시에 '맘 카페' 같은 커뮤니티에서도 '오징어 게임'을 두고 갑론을박이 벌어졌습니다. 그러니까 부모들 사이에서 '오징어 게임'을 두고 '자녀와 함께 시청해야 한다'라는 의견과 '자녀가 보기에는 부적절하다'라는 의견이 팽배하게 맞선다고 들었습니다. 부모의 관심이 뜨겁다는 건, 그만큼 아이들이 부모를 조르고 있다는 뜻일 겁니다. 인터넷에서 너 나 할 것 없이 '오징어 게임' 패러디를 올리고, 관련 상품을 진열하다 보니 저절로 아이들이 호기심을 가질 수밖에 없을 겁니다. 더구나 '필터 버블(filter bubble)' 때문에 유사 콘텐츠가 계속해서 아이에게 노출되니 오징어 게임을 안 볼 수 없을 지경이죠.

결론부터 말하자면, 아이들이 '오징어 게임'을 시청하는 건 아이의 성장에 위험할 수 있다는 겁니다. 한 어머님은 "해외에서도 작품성을 인정받았는데 부모가 아이에게 잘 설명해주면 되지 않을까요?"라고 말하지만, 문제는 이 드라마는 부모가 아이에게 설명을 잘할 수 있는 드라마가 아니라는 점에 있습니다. 드라마를 보신 분들은 아시겠지만, '오징어 게임'은 성인에게는 더할 나위 없이 재밌는 콘텐츠이고, 드라마 평가에서 평점이 짜기로 소문난 미국 평론가들도 '오징어 게임'에 만점을 줬으니 작품성이 보장된 작품이기도 하지만 아이들이 '오징어 게임'을 시청하는 건 엄연히 다른 이야기입니다.

일단, 이 드라마는 '청소년 관람 불가' 등급입니다.「영상물등급위원회」는 이 드라마에 대해 '주제', '선정성', '폭력성',

'대사' 부분에서 수위를 '높음'으로 평가했죠. 또, '공포', '약물', '모방위험' 부분에서도 '다소 높음'으로 평가해 결국 청소년이 시청하는 걸 금지했습니다. 다시 말하면, 이 드라마는 아이에게 유해 매체로 지정된 영상물이라는 겁니다. 드라마 장면들을 보더라도 주제부터 소재까지 하나하나 자극적이지 않은 게 없지요. 게다가 성인이 봐도 섬뜩한 살인 장면들이 아무렇지도 않게 등장하고, 심지어 장기를 밀매하는 장면도 있습니다. 아이들의 도덕성과 사회 규범을 흔드는 대사와 소재들은 말할 것도 없고요.

'오징어 게임'을 두고 비판적인 이야기를 하는 게 적절치 않을 수도 있습니다. 잘나가는 드라마를 두고 굳이 아이들과 연결하는 건 다른 한 편에서는 "눈치 없다"라고 지적하는 사람들도 있을 겁니다. 저 또한 '기생충'이 그랬듯이 '오징어 게임'도 우리 사회에 소외된 사람들의 고통과 연민을 생각하게 하는 '국가대표 드라마'라고 생각합니다. 하지만 저를 비롯한 부모는 아이의 안전을 위해 분명한 '선'과 '면적'을 가져야 하는 위치에 있습니다. 물론 대안도 함께 고민해야 하고요.

일단, '오징어 게임'이 아이들 사이에서 '인터넷 밈(meme)'으로 자리 잡은 이상 무조건 접근을 막는 건 부작용이 따를 수 있습니다. 부모가 막는다고 순순히 안 볼 아이들도 아니고요. 그래서 대안을 아이 행동보다는 부모 행동에서 찾아보면 어떨까 합니다. 먼저, 최소한 아이가 부모의 스마트폰으로 '오징어 게임'을 시청하는 일이 없도록 조심해야겠습니다. 두 번째로 아이들이 '오징어 게임'을 어느 정도 알고 있는지 확인하는 절차도 중요할 듯합니다. 아이들은 드라마 정주행보다 인터넷 플랫폼에서 제공하는 줄거리를 시청한 사례가 대부분입니다. 특히, 아이가 드라마를 봤다면, 야단보다는 드라마를 보고 '불편했던 지점'을 알리고 노력할 필요가 있습니다. 그런 다음, 아이에게 부족했던 드라마의 주제를 재해석해주었으면 좋겠습니다. 마지막으로 이번 '오징어 게임'에 등장하는 '전통놀이'를 우리 집으로 가져와 보는 것도 좋은 대안일 수 있습니다. 그러니까 '오징어 게임'을 같이 보는 게 아니라 '오징어 게임'을 같이 해보는 전략을 세우는 겁니다. 아시겠지만, 드라마에 등장하는 전통놀이는 집이나 놀이터에서도 얼마든지 가능한 놀이거든요.

저는 '오징어 게임'에서 잊히지 않는 대사가 하나 있습니다. 바로 구슬치기 장면에서 1번 할아버지가 456번 성기훈에게 말했던 '깐부'입니다. '깐부'는 지금으로 치면, '절친' 내지는 '내편' 같은 아이들 사이에서 꼭 필요한 관계용어죠. 그만큼 지금 아이들에게 '깐부'만큼 소중한 존재도 없을 겁니다. 어쩌면 한 명의 '깐부'만 있어도 아이는 안전할 수 있거든요. '오징어 게임'을 통해 부모가 자녀에게 '깐부' 같은 친구가 되어보는 건 어떨까요?

아이들의 가상세계,
메타버스

최근 인기가 급부상하고 있는 '메타버스' 플랫폼이 있습니다. 요즘 이 '메타버스'를 모르면 아이들의 문화를 따라가기 어렵죠. 국내 유명 인터넷 기업체들이 '메타버스' 플랫폼을 출시하면서 우리나라는 물론 전 세계 2억 명의 사용자가 활동하고 있습니다. 그중 상당수는 10대 아이들입니다. 메타버스는 '초월'을 뜻하는 'Meta'와 '우주'를 뜻하는 'Universe'의 합성어로, 현실을 초월한 가상세계를 의미합니다. 가상현실(VR)보다 한 단계 위라는 증강현실(AR)의 더욱 진화한 버전이라 할 수 있죠. 2018년에 처음 출시된 메타버스 플랫폼은 코로나 유행 이후 비대면으로 현실 속 소통이 어려워지면서 아이들 사이에서 더욱 인기를 끌기 시작했습니다. 부모님의 이해를 돕자면, 원조 SNS 격인 '싸이월드'의 미니홈피가 증강현실과 더 많은 콘텐츠로 업그레이드되었다고 보시면 됩니다.

　이 '메타버스'의 인기는 어른들의 상상을 초월합니다. 아이들이 좋아하는 증강현실(AR) 콘텐츠와 게임은 물론, SNS 기능까지 담고 있어 실제 공간처럼 마스크를 쓰지 않아도 사람들과 대화할 수 있습니다. '메타버스' 공간 안에서는 아이들이 아바타를 활용해 상점을 꾸릴 수 있고, 모르는 사람과 거리낌 없이 취미 생활을 함께할 수도 있습니다. 그야말로 현실 세계에서 할 수 있는 것은 물론 현실 세계에서 할 수 없는 것도 가능한 세상이지요. 그러니까 아이들은 현실 세계에서 하지 못하는 다양한 놀이, 문화, 체육, 교육 활동을 이 '메타버스'에서 하는 셈입니다. 2018년에 개봉한 스티븐 스필버그 감독의 <레디 플레이어 원>이라는 영화가 현실이 된 것이지요.

　지금 '메타버스'는 전 세계적으로 주목받고 있는 플랫폼인 건 분명합니다. '메타버스'의 원조인 미국 게임 플랫폼 '로블록스'는 올해 상장하자마자 단숨에 시가 총액 40조 원을 넘었을 정도이니 말 다했죠. 그만큼 주로 아이들이 즐기는 게임 가상 공간인데다 이제 아이들의 디지털 문화에서 '메타버스'가 세상의 중심이 되었다고 이해하시면 좋을 것 같습니다. 쉬운 예로, 지난 3월에는 국내 한 대학교에서 '메타버스' 플랫폼을 활용한 신입생 오리엔테이션을 개최하기도 했습니다. 가능할까 싶지만, 코로나로 인해 대면할 수 없는 상황에서 대학교는 '메타버스' 공간에서 가상의 대학교를 만들어 그곳으로 학생들을 오게 해 학교 소개는 물론, 선·후배 간 친목을 다지기도 했죠. 중요한 건, 학생들이 불편해하지 않았다는 겁니다. 또, 한 기업체에서는 '메타버스' 공간에서 회사 사옥을 만들어 연수를 진행하기도 했다더군요. 코로나로 인해 현실에서 할 수 없는 일들을 '메타버스'가 단단히 채워주고 있는 셈입니다.

긍정적으로 본다면, 이 메타버스는 분명 우리 사회에 혁신인 건 분명합니다. 현실에서 사회질서가 중요한 것처럼, 메타버스 공간에서도 사회적 규범과 질서가 확보된다면 이 메타버스는 우리 삶의 희망과 대안이 될 수도 있을 겁니다. 특히, 이 메타버스는 10대 아이들의 전유물이 아닌 부모 모두가 함께 어울릴 수 있다는 점에서 더 자유롭고 소통 범위를 넓힐 수 있는 요소인 것은 분명하지만, 아이들을 노리는 범죄 등 현실에서는 일어나기 어려운 범죄가 더 쉽게 이뤄질 우려도 동시에 남아 있습니다.

미국 '메타버스' 열풍을 이끈 '로블록스'에서도 16세 미만 청소년의 55%가 활동하다 보니, 이 공간에서 익명의 성인이 아이들을 상대로 성관계 상대를 찾는 등 성범죄가 발생하기도 했습니다. 실제로 몇 달 전에는 영국에서 20대 남성이 '로블록스'에서 초등학생에게 접근을 시도해 검거되는 사건도 있었죠. 아이들은 가상공간에서 현실보다 더 폭력적이고 더 자극적인 행동을 할 가능성이 많은 게 사실입니다. 많은 연구 통계들이 이를 뒷받침하고 있고, 아이들의 발달 특성상 어려운 현실을 마주하면 '메타버스' 공간으로 도피할 우려까지도 있습니다. 아이들에게 중요한 '선행장치' 즉, 아이를 안전하게 이끄는 안전장치가 없다는 게 걱정입니다. 지금껏 수많은 소셜미디어 공간들이 아이들에게 무례하게 대했던 걸 고려하면 고민이 안 될 수 없죠. 그래서 부모님의 관심이 그 어느 때보다 필요해 보입니다.

최근 경찰청과 교육부, 방송통신위원회 등 아이들의 사이버폭력과 디지털 성범죄와 관련된 리서치 결과를 보면, 아이들이 현실 세계와 가상세계를 구분하지 못하는 일명 '인지 부조화' 상태를 보여주는 사례들이 넘쳐납니다. 얼마 전 '서울시 여성정책관실'에서 진행한 「디지털 성범죄 가해자 대상 상담 분석 연구」에서는 91명의 가해 청소년 중 96%가 "자신의 행위가 디지털 성범죄 가해 행위인지 몰랐다"라고 답을 해서 충격을 주기도 했습니다. 가해에 특별한 사유가 있었던 것도 아니었습니다. 또한, 불법 합성물, 일명 '딥페이크' 범죄에서도 10대 아이들이 60%가 넘을 정도였습니다. 이 외에도 아이들이 가상공간에서 겪게 되는 착각들이 점차 늘고 있어 걱정입니다. 한 어머님은 아이가 메타버스 공간에서 게임을 하며 상대와 나누는 대화를 엿듣고 큰 충격을 받았다고 전하기도 했습니다. 누군가가 아이를 상대로 입에 담을 수 없는 폭언과 비하 발언들을 쏟아내 어머님이 정말 깜짝 놀랐다고 합니다. 그러면서 많은 부모가 메타버스에 관심을 가져야 한다고 호소하기도 했죠.

본래 소셜미디어 플랫폼은 현실에서 만날 수 없는 사람들과 연결해주는 기능을 수행하도록 만들어졌습니다. 그렇다고 온라인 의사소통이 아이들의 지각 정보로 충만한 오프라인 커뮤니케이션을 대체할 수 있다고 생각해서는 곤란한데, 아이들은 전혀 그렇게 생각하지 않는 눈치입니다. 현실 세계를 굳이 붙잡을 이유가 없다고 오히려 반색할 정도이니 말입니다. 무분별한 선동과 도발이 난무하는 아이들의 디지털 유해환경을 목격한 이상, 새로 등장한 메타버스는 아이에게 득과 실을 동시에 안겨 줄 게 빤합니다. 학교도 이 상황을 그저 바라볼 수만은 없을 것 같습니다. 최소한 가정통신문에 '메타버스의 올바른 활용법' 정도는 담아야 하지 않을까요.

피노키오를 만든 목수 할아버지의 이름을 기억하시겠지요? 한 '메타버스' 플랫폼 기업은 이 이름을 본 따 아이들에게 현실을 대체할 수 있는 가상세계를 선물해주려고 했을 겁니다. 그러면서 꿈과 희망도 선물해주고 싶은 마음이었을 겁니다. 그렇게 본다면, 메타버스 플랫폼은 지금 코로나 때문에 답답해하는 아이들에게 희망이자 대안이 될 수 있을 것 같습니다. 하지만 피노키오가 세상에 적응해 나가는 과정이 녹록지 않았던 것처럼, 우리 아이들 역시 메타버스 안에서 수많은 위기에 처하지 않을지 걱정입니다. 오늘, 아이들과 부모님이 '메타버스' 플랫폼에 대해 공유하고 '올바른 활용법'에 대해 진지하게 대화해보는 시간을 가지시길 희망합니다.

리얼돌 체험방보다
무례한 유해환경

아이의 성장에 있어서 환경은 매우 중요합니다. 부모라면 누구나 자녀가 좋은 환경에서 성장하기를 원하지만, 적합한 환경을 선택하기도 쉽지 않습니다. 직장을 고려해야 하고, 돌봄도 신경 써야 합니다. 더구나 아이 교육에 최적화된 환경을 선택하고 싶어도 녹록지 않죠. 어쩌면 최적화된 교육환경을 선택하지 못해 최적화된 부모라도 되기 위해 노력하는지 모릅니다. 그러나 디지털 환경에만 최적화되어 가는 자녀를 보고 있으면 한숨만 나오니 어쩌면 좋을까요? 아이들의 디지털 기술력을 따라갈 수 없을 뿐 아니라 스마트폰으로 학습하는 데이터 양 또한 어마어마합니다. 환경이 아이에게 미치는 영향을 모르는 건 아니지만 딱히 뾰족한 방법이 없어 그냥 자녀를 믿어볼 수밖에 없다는 부모도 많습니다.

한때 '리얼돌 체험방' 논란이 뜨거웠습니다. 돈 4만 원이면 한 평 남짓한 방 침대에서 여성의 모습을 본뜬 인형과 뒹굴 수 있는 곳입니다. 우리 동네에 이런 곳이 생긴다고 하니 부모는 기가 찰 노릇이지요. "아이들이 뭘 보고 배우겠나?"라는 소리가 나오는 것도 당연합니다. 그동안 우리는 '방'의 변천 과정을 똑똑히 목격해 왔습니다. 오래전부터 사랑방과 다락방 그리고 공부방과 만화방은 우리에게 휴식과 위로는 물론 가족과 사람을 연결하는 꽤 끈끈한 정이 가득했던 공간이었죠. 하지만 몇 년 전부터 방의 이미지는 다른 모습으로 바뀌었습니다. 오히려 부모와 자녀를 위협하는 방이 되었죠. 십수 년 동안 방의 이미지는 사랑방과 다락방에서 안마방과 전화방으로 바뀌었고, 다시 키스방에서 지난해에는 'N번 방'으로 바뀌었습니다. 그리고 다시 우리 앞에 '리얼돌 체험방'이 등장했지요. 부모가 '리얼돌 체험방'을 거부하는 이유는 당연합니다. 우리가 안마방을 막지 못했기 때문에 키스방이 등장했고, 키스방을 막지 못했기 때문에 결국 N번 방이 등장한 걸 모를 리 없기 때문이죠.

한동안 대한민국에서 '○○사회' 열풍이 분 적이 있습니다. 한병철 교수가 저술한 《투명 사회》에서 시작해 《피로 사회》를 거쳐 최근에는 중앙대 김누리 교수가 《무례 사회》라는 용어를 들고나왔습니다. 김누리 교수는 한 언론과의 인터뷰에서 무례한 사회에 둔감한 대중을 꼬집으며 "대중들 또한 무례에 둔감한 것 같다. 그렇지 않다면 수많은 대중이 이용하는 지하철에 저런 파렴치한 광고가 버젓이 걸릴 수 있겠는가"라고도 했죠. 저 또한 김누리 교수의 독설에 동의할 수밖에 없습니다. 지금 우리 자녀를 둘러싼 환경을 보면 무례하기 짝이 없죠. 아이들이 좋아하는 축구선수 손흥민 뉴스를 보고 있으면 그 옆에 성인만화 배너 광고가 함께 등장합니다. 유명 택배회사 피싱 문자가 이제는 아이들에게까지 접근했고, 심지어 아이들이 담배나 술을 구매하고 싶으면 돈 몇천 원에 친절한 택배까지 해주는 어른들이 줄을 서고 있습니다. 게다가 최근에는 처방기록을 공유할 수 없다는 걸 알고서 약국을 전전하며 암 투병에 사용되는 마약류 약품까지 소비하고 있습니다. 그야말로 우리 사회가 이토록 무례한 적이 있었나 싶습니다.

흔히 사회 환경의 중요성을 두고 '깨진 유리창의 법칙(Broken Windows Theory)'을 예로 들곤 합니다. 도로변에 세워진 차량의 깨진 유리창 하나를 방치하는 것만으로도 사람들에게 다른 유리창을 깨게 만든다는 이론이죠. 자녀에게 적용한다면 해로운 환경은 곧 자녀를 무감각하게 만들고 이를 정당화시켜 범죄나 비행 같은 행동으로 이어지게 만든다는 뜻이기도 합니다. 이렇게 되면 부모는 아이를 둘러싼 환경, 즉 '리얼돌 체험방' 같은 오프라인 환경뿐만 아니라 오프라인이 온라인과 맞닿아 있다는 공식에 대해서도 주목해야 합니다. 그래서 부모는 자녀를 둘러싼 환경을 오프라인으로만 단정해선 안 되고 사이버 공간으로 뻗칠 영향까지 예측할 필요가 있습니다. 예를 들어, 사이버 도박과 성 착취·성매매가 그랬던 것처럼 '리얼돌 체험방' 또한 자녀를 끌어들이기 위해 아이들이 활동하는 사이버 공간에서 수없이 전단지를 뿌려 댈 게 뻔하기 때문입니다.

이제 유해환경에서 아이를 지키는 방법을 고민해보죠. 일단, 부모가 자녀를 둘러싼 유해환경을 직접 목격하는 건 쉽지 않습니다. 아이의 스마트폰을 샅샅이 뒤지기 전에는 불가능하죠. 그렇다고 아이와의 관계 때문에 마음대로 할 수도 없습니다. 결국, 아이가 사이버 공간에서 유해환경을 식별할 수 있는 변별력을 갖출 수 있도록 돕는 게 최선으로 보입니다. 우선 다음 내용을 아이에게 공유해주세요. 현재 범죄자들이 사이버 공간에서 유해환경을 만들어 놓고 아이에게 어떻게 접근하는지를 모아봤습니다.

첫 번째로 사이버 공간에서 범죄자들이 접근하는 방식 중 하나는 철저한 '언어 게임'입니다. 범죄자들은 자녀에게 친숙한 언어로 접근합니다. 범죄자들이 아이들을 쉽게 끌어들이려면 아이들이 쓰는 언어를 사용해야 한다는 걸 너무 잘 알고 있습니다. 대표적인 게, 대리 구매를 '댈구', 대출을 '대리 입금', 포커, 바카라 대신 '사다리, 달팽이' 같은 언어를 사용하죠. 두 번째 접근방법은 '약자 게임'입니다. 소셜미디어를 통해 또래 관계가 힘들거나 친구가 별로 없는 아이를 선택합니다. 그러면서 아이의 의견과 생각에 무조건 동조해주며 호감을 얻죠. 이렇게 신뢰가 만들어지면 나중에 본색이 드러나고 아이는 빠져나오기 쉽지 않습니다. 세 번째는 '공범 게임'입니다. 쉽게 말해, 아이를 범죄자로 만드는 게 목적입니다. 도박이나 범죄자에게 돈을 빌리고 성 착취물을 사는 행위를 통해 아이를 범죄자로 만들게 됩니다. 결국 아이들은 자신이 범죄자라는 이유로 피해를 보고도 신고하지 못하고 범죄자의 요구대로 따를 수밖에 없는 상황에 놓이게 되죠. 마지막으로 '협박 게임'입니다. 아이들은 범죄자들이 만들어 놓은 유해환경에서 마음껏 소비하고 더 이용할 게 없으면 아이들의 개인정보를 이용해 인격과 성을 착취하는 대상으로 삼습니다. 여기에 사용되는 게 바로 '협박'입니다.

얼마 전, 한 언론에서 한국 청소년들의 '디지털 정보 문해력'이 경제협력개발기구(OECD) '국제 학업성취도평가(PISA)'에서 바닥권을 기록했다고 보도했습니다. 예상했던 일이지만 평가 보고서를 들여다보니 매우 심각한 수준이더군요. 범죄자들이 유해환경을 만들어 놓고도 당당한 이유는 어쩌면 아이들의 디지털 문해력 수준과 관련성이 있을 수도 있습니다. 아이가 사이버 공간에 출입하는 것을 막을 수 없다면 아이가 사이버 공간에서 어떻게 유해환경을 식별할 수 있을지 그 변별력을 갖게 만드는 것이 중요합니다. 그것은 반드시 부모의 관심과 노력이 전제되어야 한다는 걸 잊지 않았으면 좋겠습니다.

아이들의 부캐 문화
전성시대

10대 아이들의 최신 문화를 꼽으라면 단연코, '부캐' 문화입니다. 그야말로 아이들이 활동하는 디지털 곳곳에 '부캐'가 없는 데가 없을 정도니까요. 대체 '부캐'가 뭐기에 모두 '부캐 부캐' 할까요? '부캐'는 '부 캐릭터'의 줄임말로 '서브 캐릭터'라고도 부릅니다. 물론 '본캐'는 본래의 캐릭터를 말하고요. '부캐'는 원래 게임에서 쓰이던 용어였으나 최근에는 각종 방송을 비롯해 SNS 등 일상에서 더 넓게 쓰이고 있죠. 대체 '부캐'와 '본캐'가 무슨 말이냐 싶겠지만 예를 들어, 부모의 경우 원래의 직업이 있는데 부업을 하고 있다면 부업은 '부캐'가 될 수 있습니다. 직장인이지만 소설을 쓰거나 공예를 한다면 소설가와 공예가 또한 '부캐'가 될 수 있죠.

10대 아이들의 경우, 낮에는 학교에서 공부하고 하교 후에는 유튜브 활동을 하는 게 '부캐' 중 하나입니다. 또, 평소 모습과는 다르게 아이가 가진 재능을 SNS에서 본 계정이 아닌 다른 계정으로 보여주는 것도 '부캐'의 대표적인 사례죠. 그러니까 학교에서는 있는 듯 없는 듯 조용한 학생이지만 디지털 공간에서는 전혀 다른 모습으로 활동하는 아이들이 바로 '부캐'의 주인공들인 셈입니다. 그래서 디지털 세대인 10대 아이들에게 '부캐'는 다양한 역할을 해볼 수 있어서 꽤 매력적일 수밖에 없죠.

'부캐'는 MBC 예능 프로그램 '놀면 뭐하니'에서 본격적으로 등장했습니다. 당시 인기 개그맨 유재석이 신인 트로트 가수 '유산슬'이라는 '부캐'를 들고나오면서 대중들에게 '부캐'를 알렸고, 이후 신인 혼성그룹 '싹쓰리'가 인기를 끌면서 '부캐' 문화가 유행됐죠. 특히, 개그우먼 김신영이 한 인기 예능프로그램에서 '둘째 이모 김다비'라는 부 캐릭터를 들고나와 재미와 감동을 주면서 '부캐'를 대중문화로 확산시키는 역할도 했습니다. 유명 연예인이 쏘아 올린 '부캐' 문화는 고스란히 10대 아이들에게 전달됐고, 요즘은 아이들 사이에서 본명이 아닌 다른 이름과 캐릭터를 사용해 '또 다른 나'를 즐기는 문화로 발전했습니다.

'부캐' 문화가 확산하면서 최근에는 아이들 사이에서 여러 개의 직업을 갖고 싶다는 이야기도 곧잘 나오곤 합니다. 요즘 아이들답게 한 가지 일에 몰두하기보다 자신이 좋아하는 영역을 다 해보고 싶다는 뜻이겠죠. 어쩌면 20대 사이에서 인기 있는 'N잡러' 현상이 아이들에게까지 확산되었다고 봐도 될 것 같고요. 흥미로운 조사를 하나 소개하자면, 2020년 11월, '엘리트 학생복' 연구팀은 10대 아이들 대상으로 '부캐' 문화에 관한 설문을 진행했는데요. 이 조사에서 청소년의 10명 중 9명이 '부캐' 문화를 긍정적으로 생각한다고 답했습니다. 꽤 많은 숫자죠. '부캐'가 좋은 이유로는 '표현의 자유 때문'이라는 응답이 10명 중 6명을 차지했고, '다양한 경험'과 '스트레스 해소', '새로운 자아 발견'이 10명 중 2명을 차지했더군요. 이 대목은 부모가 눈여겨볼 부분입니다.

반면에 부정적이라고 응답한 아이들은 10명 중 1명이었는데, 주로 '거짓 행동이다', '익명을 내세워 악용한다'라고 대답해 '부캐' 문화에 대한 비판적 시각도 있다는 걸 알 수 있었습니다. 특히, 설문에 참여한 학생의 절반 이상은 SNS 부계정을 만들어 사용하고 있다고 응답해 요즘 아이들의 '부캐' 문화가 대체로 SNS에서 이뤄지는 걸 알 수 있었습니다.

아무래도 아이들의 '부캐' 문화가 가장 활발한 곳은 '메타버스' 공간일 겁니다. 대표적으로 아이들이 즐겨 찾는 '제페토'만 보더라도 플랫폼에 입장하면 나를 대신할 아바타 즉, '부캐'를 꾸미는 일부터 시작하잖아요. 이때 아이들은 '본캐'를 잊고 내가 상상했던 캐릭터로 자신을 꾸미며, 메타버스가 제공하는 가상의 시공간에 자연스럽게 동화되는 걸 볼 수 있습니다. 이렇게 되면, 가상공간에서 자주 머물수록 '본캐'는 뒷전으로 밀리고 예쁜 아바타만 추구하는 '환상주의'에 빠질 수도 있어 주의가 필요하죠. '부캐' 활동이 점점 심해지면, 아이는 현실을 부정할 수 있고 결국, '본캐'와 '부캐' 중 어떤 게 정확히 '나'인지조차 구분하지 못하는 아찔한 상황까지 이어질 수도 있습니다.

'부캐'라는 주제가 나오면, 전문가들은 '멀티페르소나'에 관한 우려를 말하곤 합니다. 다시 말해 아이들은 "가면이 많으면 헷갈릴 수 있다"라는 뜻이죠. 하지만 최소한 멀티페르소나는 아이들에게는 해당하지 않는 것 같습니다. 발달 심리학자인 에릭 에릭슨은 '사회성 발달 이론'에서 인간의 생애 주기를 총 8단계로 구분했는데 특히, 청소년기를 '정체성 성취 대 정체성 혼란'을 겪는 시기로 규정하면서 청소년 시기에 정체성을 갖지 못하면 계속해서 혼란을 겪을 가능성이 크다고 주장했죠. 그래서 청소년기는 성인이 될 때까지 끊임없이 자기 정체성을 찾는 여정일 수 있습니다. 물론, 이 시기에 정체성을 찾지 못하면 성인기로 연장되는 경우도 제법 많습니다. 실제 20대 청년들이 자기 정체성을 갖지 못해 자잘한 사건 사고로 이어지는 사례도 꽤 있죠. 그만큼 10대 아이들은 내가 누구인지 또, 나는 집, 학교, 또래 집단에서 어떤 존재인지를 정확하게 알지 못한다는 뜻일 겁니다. 하지만 '부캐' 문화는 본래의 캐릭터 즉, '본캐'를 전제로 한다는 데 주목할 필요가 있습니다. 그러니까 10대 아이들은 아직 정체성이 완성되지도 않았는데 '부캐'를 만든다는 건, 오히려 성장 과정에서 더 혼란을 겪을 수 있어 걱정됩니다. 무언가를 시도하고 경험하는 거야 나쁠 게 없다지만 엄연히 '본캐'가 튼튼해야 '부캐'도 안전한 문화가 되지 않을까요.

'부캐' 문화가 우리 아이들에게 큰 호응을 얻고 있는 건 분명합니다. 이런 마당에 걱정거리를 이야기하는 게 눈치 없는 행동이라고 말하는 사람도 있겠죠. 하지만 아이들을 위해서라면 하늘이 두 쪽 나도 할 말은 해야 한다고 봅니다. 얼핏 보면, '부캐' 문화가 문제 있어 보이진 않습니다. 누구보다 디지털 기술력이 뛰어나고 적응을 잘하는 아이들이다 보니 자기의 정체성을 여러 개로 나눠 실험해보고 고민할 수 있다면야 그만큼 좋은 일도 없겠죠. 그러나 아이들의 '부캐' 문화가 단순히 여러 가지 '역할 놀이'에 빠져 흥미만을 쫓는다면 성장 과정에서 정체성을 망각하는 심각한 위험이 될 수 있다는 것도 기억해줬으면 좋겠습니다.

몇 달 전 '아산나눔재단'에서는 '부캐'를 주제로 아이들에게 '창업' 프로그램을 운영한 적이 있습니다. 또, '서울문화재단'에서는 가족 소통을 위해 부모님의 새로운 모습을 찾아보는 '부모님 부캐 찾기 사무소'를 운영해 가족 소통을 끌어내기도 했죠. 물론, 행사에 참여한 아이들은 모두 즐겁고 행복한 시간이었다고 말합니다. '부캐' 문화를 통해 자기와 가족의 정체성을 함께 발견하는 기회가 되었다고 말한 아이도 있어 흐뭇했습니다. 결국, '부캐' 문화가 아이들에게 안전한 문화로 성장하기 위해서는 우리 사회가 '본캐'를 위한 다양한 콘텐츠도 함께 개발해야 한다는 걸 잊지 않았으면 좋겠습니다. 중요한 건, '부캐'는 아이들의 '정체성'에 직접적인 영향을 줄 수 있는 꽤 신중한 문화라는 겁니다. 단순히 어릴 적 '소꿉놀이' 정도로 생각해서는 안 될 일입니다.

2부

장난이 아닌
요즘 아이들의
놀이

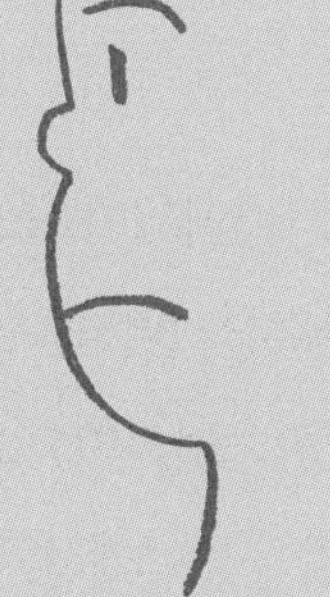

폭력과 비행은
잘못된 '놀이'에서 시작됩니다

얼마 전, 인터넷 공간에서 10대 아이들이 할머니를 조롱하는 영상이 공개돼 공분을 샀습니다. 영상 속에는 고등학생으로 보이는 남학생 두 명이 국화꽃으로 할머니의 머리를 때리고, 손수레를 걷어차며 낄낄대는 장면이 고스란히 담겨 있어 보는 저도 정말 놀랐습니다. 더구나 해당 영상은 함께 있던 일행 중 한 명이 스마트폰으로 찍은 듯했습니다. 그러니까 일행 중 한 명이 당시 상황이 재밌다고 생각해 자신의 소셜미디어 계정에 올렸던 게 큰 파장을 몰고 온 것이죠. 결국, 아이들은 경찰에 입건돼 조사를 받았고, 조사 결과 일행은 지난 수 개월간 할머니를 괴롭힌 정황이 드러나 주범 두 명이 구속됐습니다. 놀라운 건, 조사과정에서 아이들이 "장난으로 그랬다"라고 주장했다는 점입니다.

몇 달 전에는 대낮 주택가에서 한 남학생이 또래로 보이는 아이들로부터 집단 괴롭힘을 당하는 영상이 유포되었습니다. 가해 학생들은 경찰 조사에서 "기절 놀이 장난을 친 것"이라고 대답해, 이를 본 누리꾼들이 청와대 국민청원 게시판으로 이동하는 사태가 벌어지기도 했습니다. 해당 영상을 보면, 남학생 한 명이 피해 학생의 목을 뒤에서 조르고 있고, 옆에 있는 여학생 1명은 담배를 피우며 피해 학생의 주요 신체 부위를 아무렇지도 않게 만집니다. 또, 영상 마지막에는 피해 학생이 기절한 듯 쓰러지는 모습도 고스란히 담겨 있어 충격을 줬지요. 주민의 신고로 경찰이 출동했지만 가해 학생은 물론 피해 학생역시 "친구들과의 장난이었다"라고 말해 정식 수사로 넘겨지진않았습니다. 이뿐만 아니라 최근 들어 선배가 후배에게 장난으로 양궁 화살을 쏘는가 하면, 유도 선배들이 장난으로 후배를던져 큰 피해를 주는 등 아이들의 엽기적인 폭력 사례가 빈번하게 일어나고 있습니다.

지금까지 언급한 사례들에서 공통되는 한 단어가 등장하는 걸 알아채셨는지요? 바로 '장난'이라는 말입니다. 부모 입장에서 연일 뉴스에 보도되는 아이들의 비행과 범죄를 보고 있으면, 상식적으로 납득하기 어렵습니다. 물론, 교사나 교수, 연구원 등 아이들의 행동을 연구하는 각계각층 전문가들조차도 최근 아이들의 비행을 풀이하는 데 애를 먹는 게 사실이지요.

일단, 아이를 둘러싼 학교폭력과 비행 그리고 소년범죄 속에는 잘못된 '밈(meme)'이 작동한다는 데 주목해 볼까요? '밈(meme)'이란, 한 사람이나 집단으로부터 다른 지성으로 생각 혹은 믿음이 전달될 때 전달되는 모방 가능한 사회적 문화를 말합니다. '밈'이라는 용어는 리처드 도킨스의 《이기적 유전자》라는 책에서 처음 등장한 용어입니다. 그러니까 아이들이 저지르는 폭력 내면에는 아이들이 폭력으로 인식하지 못하는 '심한 장난 문화'라는 '밈'과 폭력을 인식하면서도 이를 장난으로 포장하는 '장난을 가장한 폭력'이라는 '밈'이 동시에 숨어 있다는 걸 기억할 필요가 있습니다.

교육부에서 발표한 「2021년 학교폭력 실태조사」에 따르면 지난해 코로나 때문에 등교가 중단되면서 학교폭력 건수도 준 듯싶었지만, 이번 조사에서는 학교폭력 피해 경험률이 0.9%에서 1.1%로 0.2%가 늘어 실망이 컸습니다. 무엇보다 학교폭력 피해 유형을 보면, '언어폭력'이 압도적으로 1위를 차지했고, '집단 따돌림'에 이어 '신체폭력'이 '사이버폭력'을 제치고 다시 3위를 차지했습니다. 순위보다 우리가 주목할 것은 바로 가해 이유입니다. 이번 조사에서 학교폭력 가해 이유로 초·중·고를 통틀어 '장난이나 특별한 이유 없이'라는 항목이 35.7%로 가장 많았다는 사실은 지금 아이들의 학교폭력이 잘못된 '장난 문화'에서 만들어지고 있다는 걸 대변해주고 있습니다. 게다가 지난 6월에는 서울시 여성정책관실에서 흥미로운 연구 결과를 발표했는데 서울시 학생 중 '디지털 성범죄' 가해 학생 91명을 대상으로 사례 분석한 결과, 놀랍게도 가해 학생 91명 중 96%가 "가해 행위인 줄 몰랐다"라고 답을 했다죠. 다시 말해, 사이버 공간에서 디지털 성범죄 행위가 범죄인지 장난인지 구분하지 못했다는 뜻입니다. 또, 2020년 방송통신위원회에서 진행하는 「2020년 사이버폭력 실태조사」에서도 사이버폭력을 저지른 아이들 대부분이 "특별한 이유가 없거나 장난이었다"라고 말해 지금까지 아이들의 폭력 행위에서 '장난'이 차지하는 비중이 얼마나 큰지를 보여주었습니다.

이렇게 되면, 가·피해자를 막론하고 당장 아이들의 '장난 문화'를 정확하게 인식할 필요가 있습니다. 도대체 왜 아이들은 심한 장난을 서슴지 않고 하는 걸까요? 아이가 장난을 저지르는 심리에는 "자신의 행동이 장난인지 폭력인지를 판단하지 않겠다"라는 미묘한 꿍꿍이가 숨어 있다는 걸 먼저 알아야 합니다. 즉 장난을 저지르는 아이는 "내가 결정하기보다는 상대의 반응에 따라 장난과 폭력을 정의하겠다"라는 의도가 숨어 있다는 것이지요. 다시 말해, 아이들은 장난을 시작할 때 상대의 반응을 보며 계속할지 말지를 결정한다는 뜻입니다.

가벼운 장난이 아닌 심각한 폭력 행위에서 심한 장난을 저지르는 아이와 당하는 아이 사이에는 '서열 관계'가 존재한다는 걸 이해할 필요도 있습니다. 힘이 센 아이가 힘이 약한 아이에게 저지르는 장난 이면에는 폭력과 괴롭힘의 의도가 숨어 있다는 것도요. 더구나 힘이 센 아이가 힘이 약한 아이에게 웃으며 폭력을 저질러도 힘이 약한 아이는 어쩔 수 없이 웃으며 받아줄 수밖에 없습니다. 이러한 장난이 반복되면 가해 아이는 폭력의 수위를 점진적으로 높여가고, 반대로 피해 아이는 처음에는 폭력으로 인식하다가도 시간이 지날수록 폭력을 폭력으로 인식하지 못하는 '인지 부조화' 상태로 바뀌게 되지요. 가해 학생의 보복이 두려워 어쩔 수 없이 가해자를 두둔하기도 하고요. 중요한 건, 피해 당한 아이에게 책임을 물어서는 안 된다는 겁니다.

아이들의 '장난 문화'가 위험한 이유는 '사소한 장난'이 나중에는 '반사회적 행동'으로 이어질 가능성이 높다는 데 있습니다. 가벼운 장난이 그들만의 또래 문화 속에서 허용되고 남용되면서 결국, 아이들의 행동은 할머니를 조롱하고, 기절 놀이를 하며 또, 후배를 던져 고통스러운 상처를 준 '반사회적 행동'으로 이어졌다는 사실을 잊지 말아야겠습니다.

아이들이 왜
공격적으로 변하는 걸까?

　　2015년 싱가포르에서 '아모스 이(Amos Yee)'라는 17살 한 남자아이가 경찰에 체포되는 사건이 벌어졌습니다. 이 아이는 당시 싱가포르 초대 총리였던 '리콴유' 총리가 사망하자 그를 노골적으로 비난하는 동영상을 제작하여 자신의 소셜미디어에 올렸고, 또 기독교를 모독하는 발언까지 했지요. 심지어 고인이 된 '리콴유' 총리와 '마거릿 대처' 수상이 항문 섹스하는 그림까지 직접 그려 올리면서 국가 전체가 충격에 빠지기도 했습니다. 어쨌든 여론은 "아이의 행동이 도가 너무 지나쳤다"라는 목소리와 "어른이 하지 못한 말을 아이가 용기 내서 했다"라는 의견이 팽배하게 맞섰습니다. 법원은 결국, '아모스 이'에게 징역 4주를 선고했고, 이후 싱가포르는 '아모스 이' 때문에

'표현의 자유'와 '국가의 권위'라는 국론분열을 가져오는 계기가 됐습니다.

이후 2017년 아모스 이는 싱가포르에서 반체제 인물로 취급받으며 미국 시카고로 망명하게 됩니다. 당시 이민법과 세관법 때문에 잠시 구금되는 상황도 벌어지지만, 2017년 9월 아모스 이는 미국 시민권자가 되죠. 하지만 그해 11월, 아모스 이의 도발은 점점 더 심해져 자신의 소셜미디어에서 소아 성애를 지지하는 발언과 아동 포르노물을 서슴지 않고 올려 일시적으로 계정이 폐쇄되는 상황까지 겪게 되고, 2018년 12월, 모든 소셜미디어에서 아모스 이의 계정이 폐쇄됩니다. 그리고 2022년 지금, 아모스 이는 24세가 되었고, 현재 미국에서 '아동 포르노 및 그루밍' 혐의로 중대한 재판을 기다리는 청년이 되었습니다. 재판 과정에서 아모스 이의 어머니 메리 토는 "우리 아이는 원래 온순한 아이였고, 소셜미디어에서 대중의 선동에 정신을 차리지 못했다"라고 증언하기도 했습니다.

우리나라도 아닌 싱가포르의 한 아이의 사례를 소개한 것은 지금 우리 아이들의 성장에 큰 영향을 주는 요인이 '사이버 환경'과 무관하지 않기 때문입니다. 아모스 이는 중학교 1학년 때 자신이 직접 쓴 시나리오로 영화를 제작하여 싱가포르 영화제에서 '단편 영화상'과 '남우주연상'을 수상하면서 하루아침에 유명 스타가 됩니다. 영화제 수상 하나로 아모스 이는 싱가포르에서 일명 '핵인싸'가 되며, 소셜미디어에서 대중의 과도한 관심을 받게 되었지요. 또, 대중은 어린 아모스 이에게 더 자극적인 발언과 행동을 요구하며 선동을 멈추지 않았습니다. 마치 대중이 할 수 없는 행동을 어린 아모스 이가 해 주기를 부추긴 셈이죠. 결국, 이러한 대중의 선동은 한 아이를 극단적인 캐릭터로 변하게 만들었습니다.

'아모스 이 사건'에서 우리는 평범한 한 중학생이 아동 성애 범죄 재판을 기다리는 청년이 되기까지 그에게 무슨 일이 있었는지 주목할 필요가 있습니다. 예전에는 아이에게 문제가 생기면 가정과 교육 그리고 교우 문제 정도로 풀어가면 어느 정도 원인을 알 수 있었습니다. 하지만 최근에는 상황이 많이 달라졌습니다. 전문가들은 요즘 아이 세대 문제에 대해 가정과 교육, 친구뿐 아니라 '사이버 환경'에서 원인을 찾는 경우가 많아졌습니다. 아이가 사이버 공간에서 어떤 콘텐츠에 노출되어 있는지를 살펴본다는 뜻이지요.

얼마 전, 미국에서 충격적인 뉴스 보도가 있었던 걸 기억하실 겁니다. 미국 연방 의사당 청문회가 세계적으로 유명한 소셜미디어를 향해 '도덕적 파산'을 선고한 게 화제가 됐죠. 페이스북의 도덕적 파산을 결정적으로 도왔던 인물은 바로 페이스북에서 알고리즘 기술을 담당했던 프랜시스 하우젠이라는 한 여성이었습니다. 그녀는 직접 청문회에 출석해 수많은 방송 카메라 앞에서 "페이스북이 회사 이익을 위해 전 세계 어린이와 청소년에게 인종차별과 폭력을 조장했다"라고 고발했고, 심지어 "페이스북은 어린이와 청소년에게 위험천만한 수십만 개 계정을 일부러 삭제하지 않고 무시했다"라고 밝혔죠. 전 세계 10대 아이 중 13%가 가입한 페이스북의 계열사인 인스타그램마저도 같은 방법으로 아이들의 폭력성과 선정성을 조장하는 데 앞장섰다고 밝혀 충격을 주었습니다.

따지고 보면, 소셜미디어의 위험성은 페이스북만의 문제는 아닐 겁니다. 지금까지 우리는 아이들이 현실에서 도망치듯 찾아가는 소셜미디어에 대해 꽤 걱정했죠. 부모가 아이의 스마트폰을 직접 확인하지 않더라도 각종 언론매체와 연구기관이 사이버 공간의 위험성을 경고하곤 했습니다. 특히, 사이버 공간의 알고리즘을 보면, 아이들에게 자극적이고 폭력적인 콘텐츠들이 집요하게 따라붙는 경향을 볼 수 있습니다. 일명 '필터 버블(filter bubble)'이라고 해서 아이들이 호기심으로 누른 콘텐츠의 시청 기록이 고스란히 다른 소셜미디어까지 연결돼 유사 콘텐츠들이 아이들에게 접근하도록 만들었습니다. 이렇게 되면 아이들은 다른 콘텐츠를 보고 싶어도 볼 수 없게 되고, 계속해서 달라붙는 자극적인 콘텐츠 때문에 부모가 모르는 변화를 경험하게 되죠. 결국, 아이들은 사이버 공간에서 '필터 버블'이 추천하는 콘텐츠만 따르게 되고, 다른 콘텐츠는 거들떠보지 않는 경향을 갖게 됩니다. 마치 경마장에 내보내는 경주마처럼 옆을 보지 못하도록 시야를 가리고 오로지 앞만 보게 하는 셈이죠.

'아모스 이' 사례와 '페이스북 내부 고발 사건'을 통해 부모는 이제 명확한 질문을 해야 할지도 모릅니다. "그럼 우리 아이는 괜찮은 걸까?" 아니면 "대한민국에는 아모스 이 같은 아이가 없을까?"라는 질문 말입니다. 안타깝게도 우리 아이들을 노리는 유해 콘텐츠들이 사이버 공간에 너무나 많기 때문에 안전하다고 말할 수는 없습니다. 아이들에게 있어 하루의 시작과 끝을 담당한다는 유명 동영상 플랫폼은 '요약본'이라는 이름으로 마치 과자처럼 폭력적이고 선정적인 콘텐츠를 섭취하도록 만들고 있습니다. 게다가 아이들이 즐겨 찾는 게임 공간과 커뮤니티에서는 쪽지를 이용해 무분별하게 담배와 술을 대신 구매해준다는 친절한 범죄자까지 등장했죠. 게다가 무료 성인 웹툰, 성 착취물 쪽지는 말할 것도 없고요.

전문가들은 부모가 아이의 발달을 꼼꼼히 확인하는 게 쉽지 않다고 합니다. 원래 아이의 발달은 눈에 보일 만큼 듬성듬성한 변화를 보여주는 게 아니라 미세한 생각과 행동들이 하나하나 쌓여 큰 변화로 이어지기 때문이지요. 그래서 부모는 큰 간격을 두고서야 아이의 변화를 목격할 수밖에 없습니다. 지금까지 우리는 아이가 사이버 공간에서 무엇을 하고, 어떤 콘텐츠를 주로 소비하는지 주목하지 않았습니다. 하지만 이제 사이버 공간이 우리 아이에게 가장 중요한 변화 요인이 될 수 있다는 사실을 알게 되었습니다. 무엇보다 아이가 들락거리는 사이버 공간에 대한 관심이 중요해진 건 분명합니다. 혼을 빼놓을 정도로 아이를 푹 빠지게 만드는 콘텐츠가 있다면 부모가 반드시 확인할 필요가 있고 대책을 고민해야 합니다. 지금도 우리 아이들이 스마트폰으로 무엇을 하는지 전혀 모르고 있다면 조금 더 관심을 기울여 주시길 부탁드립니다.

아이들이
욕을 하는 이유

부모는 웬만해선 자녀들이 지지고 볶고 싸워도 잘 개입하지 않습니다. 마땅히 누구 편을 들기도 그렇고 부모가 잘못 개입했다가는 아이들에게 미움을 살 수도 있어 적당히 모른 척해주는 게 상책입니다. 하지만 아무리 사소한 말다툼이라도 넘어서서는 안 될 '선'이 있죠. 바로 '욕설'입니다.

얼마 전, 한 가정에서 초등학생 남동생이 중학생 누나와 말다툼 하다 "존X 개싫어"라는 말을 했다가 소파에서 올림픽 방송을 보고 있던 아빠에게 혼쭐이 났습니다. 아이는 아빠에게 붙잡혀 혼나려던 찰나에 "나도 모르게 나왔다고! 다시는 욕 안 한다고!"라며 울음을 터뜨려서야 용서를 구했다네요. 아빠는 아이의 다짐을 받고서야 다시 소파에 앉아 올림픽 방송을 볼 수 있었지만, 문제는 방송을 보던 아빠도 쇼트트랙 편파 판정이 나오자 "저런 나쁜 새X"라고 욕을 해 엄마와 아이 모두에게 '등짝 스매싱'을 당했다고 합니다. 결국, 아빠 역시 아이들 앞에서 욕을 하지 않겠다는 다짐을 하고서야 다시 방송을 볼 수 있었죠. 가끔 아이들의 '말'이 부모를 실망하게 할 때가 있습니다. 가장 곤욕스러운 게 아이들의 '욕설'이죠. 아이 입에서 나쁜 말이 나오면 부모는 일단 화부터 내 보지만 마음이 개운하지는 않습니다. 인정하기 싫지만 부모는 아이의 부족한 어휘력에 대해서는 둔감하면서도 욕설만큼은 민감한 반응을 보이는 게 사실입니다.

프랑스 계몽주의 작가이자 철학자인 볼테르는 "사람들이 할 말이 없으면 욕을 한다"라는 멋진 말을 남겼습니다. 개인적으로 이보다 더 욕을 완벽하게 설명하는 문장이 있을까 싶어요. 심리학은 아이들의 욕을 공격적인 심리상태로 해석하고, 신경과학에서는 뇌의 작동 문제로 보고 있죠. 또, 사회학에서는 사회 학습의 영향으로 간주하곤 합니다. 학문 분야에 따라 해석이 제각각 다른 건 어쩌면 당연할 겁니다. 하지만 볼테르의 해석에는 "욕은 아이들의 성적이나 품행과는 무관하다"라는 철학을 담고 있습니다. 그러니까 아이가 욕을 한다는 건, 어쩌면 아이가 보내는 '부족한 어휘력의 신호'이자 '실패의 신호'라는 뜻으로도 해석할 수 있겠습니다. 흔히 우리가 욕을 할 때 반가운 상황보다는 부정적이고 암담한 상황이 더 많은 것도 그 때문일 겁니다.

부모가 아이들의 '욕설'을 지나칠 수 없는 것은 아이들의 욕설이 성장 과정에서 나쁜 영향을 미칠 수도 있기 때문입니다. 실제로 아이들의 욕설과 관련한 문제는 다양합니다. 대표적인 게 바로 학교폭력이죠. 2012년부터 매년 교육부에서 실시하는「전국 학교폭력 실태 조사」를 보면, 학교폭력 유형 중 욕설과 관련한 '언어폭력'이 줄곧 1위를 독차지해왔습니다. 지난 10년간 한 해도 건너뛰지 않고 욕설이 1위를 한 셈이죠. 그래서 아이들의 습관적인 욕설 행위는 언제든지 학교폭력의 가해자가 될 수 있다는 걸 암시합니다. 또, 실제 학교폭력 '대책심의위원회'에 올라오는 대다수 안건에서도 욕설이 빠진 적이 없죠.

특히 아이들의 욕설은 사이버 공간에서 더 심각합니다. 최근에는 사이버 공간에서 벌어지는 아이들의 무분별한 욕설 때문에 형사 고발이 줄을 잇고 있습니다. 손해 배상은 말할 것도 없고요. 지금까지 아이들의 '욕설'과 관련한 연구를 보면, 아이들은 의외로 "습관적으로 욕을 한다"라는 대답이 많았습니다. 다음은 예상대로 "스트레스 때문에"라고 답을 했고요. 또 "친근감의 표시"로 욕을 한다는 대답도 꽤 있더군요. 그러니까 아이들이 욕을 하는 근본적인 배경에는 욕설이 아이들의 세대 문화를 반영하고 또, 성장기 스트레스를 억제하지 못해 욕설로 풀고 있다는 걸 알 수 있었습니다. 그나마 다행인 건, 아이들이 "욕설을 하고 있지만 스스로 자제해야 한다"라는 생각을 하고 있다는 점입니다.

우리 사회가 '욕설'을 '학대'와 '폭력'으로 대체한 지는 꽤 오래된 것 같습니다. 문제는 정작 아이들은 그렇게 생각하지 않는다는 것이죠. 어쩌면 학교 교육과 부모 돌봄에서 언어와 윤리 학습을 더 강화해야 할 부분이지만, 그보다 우리 사회가 다 같이 고민해야 할 과제이기도 합니다. 아이들은 대부분 자신의 의사를 강화하거나 어떤 상황에 불쾌감을 나타내기 위해 습관적으로 욕을 합니다. 하지만 일부 심한 아이들은 욕을 폭력으로 사용하고 있어서 걱정이지요. 약한 사람을 표적으로 삼아 자신의 감정을 폭발시키거나 기분을 망치게 하려는 의도는 매우 위험한 행동입니다. 아무리 사춘기 과정을 겪고 있는 아이라지만 일방적으로 다른 사람에게 욕설을 퍼붓거나 상처를 입히는 행위는 심각한 '폭력'이자 '학대'일 수 있습니다.

우리 사회가 아이들의 욕설을 걱정하는 이유는 간단합니다. 바로 욕설에는 우리 사회가 경계하는 '금기 언어'가 포함되어 있기 때문입니다. 아이가 단순히 자신의 감정을 강화하고 만족하는 수준이면 큰 문제는 없지만, 아이들이 욕을 하면 할수록 욕이 욕을 불러 점점 많은 사람을 향하게 되고 결국, 사람을 사물로 대상화하는 반사회적 인간으로 변할 수 있다는 게 더 큰 문제죠. 최근 아이들의 언어폭력을 보면, 자신의 감정을 표현하는 '감탄사'에서 시작된 욕설이 누군가의 사생활과 신체 부위로 이동하는 경향을 볼 수 있습니다. 특히, 사이버 공간에서는 아이들이 익명이라는 상황을 이용하여 다른 사람의 성별, 빈부, 신체, 종교, 인종차별까지 우리 사회가 금기시하는 '어그로 언어'를 막무가내로 갖다 쓰고 있어 걱정이 이만저만이 아닙니다. 한때 아이들 사이에서 '부모 욕'을 뜻하는 '패드립'이 유행하여 학교폭력이 증가했던 걸 기억하면 지금이라도 아이의 말을 붙잡지 않으면 안 될 것 같습니다.

일단 오늘부터라도 아이가 내뱉는 말에 주목해주세요. 성장기 아이에게 신체 근력이 중요하듯 말의 근력도 중요합니다. 부모는 아이와 대화를 나누거나 아이가 친구와 대화하는 장면을 보게 되면 우리 아이의 어휘력이 어떤지 귀담아들을 필요가 있습니다. 만약 아이의 어휘력이 꽤 부족하다고 느껴지면 학교 선생님과 의논해 보는 것도 방법입니다. 물론, 부모가 대화를 통해 아이의 어휘력을 높여주면 더 좋고요. 또, 아이가 욕하는 모습을 보게 되면 당황스럽지만 몇 번 심호흡을 한 후 대화를 나눠주세요. 아이가 자기 방에서 게임을 하거나 친구들과 메신저를 주고받으면서 사소하게 내뱉는 욕도 결코 지나쳐서는 안 됩니다.

아이들은 습관적으로 욕을 합니다. 욕이 습관이라는 건 아이의 충동성에 주목해야 한다는 뜻이기도 합니다. 아이의 충동을 억제할 수 있는 것은 부모의 즉각적인 반응과 진지한 대화입니다. 화를 내고 야단치는 건 아이의 충동을 억제하기는커녕 오히려 스트레스만 줄 수 있어요. 마지막으로 부모가 확인할 수 없는 사이버 공간도 살펴봐 주세요. 사이버 공간은 부모의 눈과 귀가 닿지 않는 곳이라 부모와 아이 사이에 특히 더 각별한 신뢰가 필요합니다. 그리고 아이에게 "사이버 공간에서 욕설 행위는 반드시 책임져야 할 행위"라는 점도 꼭 알려 주셨으면 좋겠습니다.

아이들은 왜 그렇게
귀찮아할까?

　　부모의 노력이 늘 벽에 부딪히는 순간은 자녀가 부모의 생각대로 따라주지 않을 때지요. 부모 입장에서는 자녀 성장에 옳다고 판단하거나 학습에 도움이 된다고 확신이 들면 의사전달이 더욱더 견고해질 수밖에 없습니다. 하지만 아이는 이런 부모의 마음은 몰라주고 여지없이 기대보다 못 미치는 행동을 해서 고민을 안겨 줍니다. 그 대표적인 것이 바로 일상에서 보여주는 아이들의 '귀차니즘'입니다.

　　아이의 행동을 결정하는 요인은 다양합니다. 그중에서도 부모가 보여주는 '미러링(Mirroring)'은 자녀의 행동에 크게 영향을 주는 절대적 요소라 볼 수 있고, 사회 문화적인 학습을 통해 획득한 '소프트 스킬(Soft Skill)' 또한 빠뜨릴 수 없는 충분한 요소입니다. 특히, 스마트폰이 가르쳐 준 디지털 기술은 우리 자녀를 더 귀찮게 만들고 있다는 것을 부인하기는 쉽지 않아 보입니다. 이렇게 보면, 보이는 것만을 교육으로 받아들이는 자녀 세대에게 '굳이 움직이지 않고도 무엇이든 해결 가능한 시대'라는 잘못된 정보를 제공하고 있는 건 아닌지 걱정입니다.

하지만 여기서 우리는 '귀찮다'와 '게으르다'라는 개념을 구별할 필요가 있습니다. 대부분 사람은 '귀찮은 것'과 '게으른 것'을 같다고 여기지만 '귀찮다'의 사전적 의미는 '마음에 들지 아니하고 괴롭거나 성가시다'라는 뜻이고, '게으르다'는 '행동이 느리고 움직이거나 일하기를 싫어하는 성미나 버릇'을 말하는 것으로 둘은 엄연히 다른 개념입니다. 즉 '귀찮다'라는 의미는 '무언가를 해야 한다는 것을 인식하면서도 미루려는 습성이 있는 것'이고, '게으르다'라는 의미는 '아예 일하겠다는 의지 자체가 없다는 것'을 말합니다. 그렇다면 우리는 자녀의 '귀차니즘'보다는 '게으름'에 대한 문제의 심각성을 고려하지 않을 수 없고, 또 반대로 자녀의 일상적인 '귀차니즘'으로 인해 부모와 자녀 간 생기는 다툼은 충분한 타협으로도 해결이 가능하다는 것을 의미합니다.

쉬운 예로, 자녀가 부모와 어떤 약속을 했는데 지키고 싶지 않거나 미루고 싶은 마음은 '귀차니즘'에 속하지만, 약속 자체를 하지 않는 마음은 '게으름'이라고 볼 수 있습니다. 물론 약속 자체를 하지 않는 것이 '귀차니즘'으로 보일 수도 있습니다만 '귀차니즘'에는 약속에 대한 '의지'가 존재하는 반면 '게으름'에는 '의지' 자체가 없거든요. 이렇게 본다면 '게으름'은 타박의 대상이자 체계적인 행동 수정을 해야 하는 단계이지만 '귀차니즘'은 자녀의 보편적인 특징이며, 부드러운 훈육으로도 충분히 행동 수정이 가능합니다. 또 무엇보다 중요한 것은 '귀차니즘'을 가진 아이들에게는 행동을 구별 짓는 '수준'이라는 것이 존재한다는 사실입니다. 아이의 행동은 호기심에서 시작된 흥미가 곧 행동의 동기가 되듯이 부모의 제안과 지시가 자녀의 수준을 고려하지 않으면 자녀의 적극적인 행동을 끌어내기란 쉽지 않습니다. 게다가 자녀의 '귀차니즘'은 자녀의 '이익'과도 연결할 수 있어서, 제안이 들어왔을 때 이것저것 판단해서 자신에게 '뚜렷한 이익이 되지 않는다면 굳이 적극적인 행동을 할 필요가 없다'라는 게 요즘 아이들의 뇌 구조입니다.

그렇다면 이 '귀차니즘'에 영향을 주는 자녀의 수준은 어떻게 만들어지는 것일까요? 제가 만난 아이 중에는 체계적인 학습을 통해 지적 수준이 높은 경우를 제외하고는 대부분 대중매체와 스마트폰에서 제공하는 콘텐츠의 영향과 자녀 주변에 존재하는 '사회관계망'에서 영향을 받는 경우가 많았습니다. 이러한 결과는 청소년의 수준이 또래보다 높은 연령 집단으로부터 크게 영향을 받는다는 국내·외 연구 결과와도 일맥상통하는 부분이기도 합니다.

해법은 자녀에 대한 '측정과 적용'에 있다고 생각합니다. 아이가 성장할수록 부모는 자녀를 얼마나 잘 측정하고 있는지에 대해 많은 질문이 필요합니다. 지금의 아이들은 우리 부모 세대보다 수준의 편차가 3년 이상의 차이를 드러냅니다. 쉽게 말해, 지금의 자녀가 초등학교 6학년이라면 부모 세대의 중학교 3학년 때와 같은 수준이라는 겁니다. 그렇게 측정된 수준을 기준으로 자녀를 대해야 합니다. 수준을 벗어난 부모의 지시와 타협은 자녀 입장에서 보자면, 설득력이 많이 떨어집니다.

고민을 가진 청소년을 만나기 위해 한 달에도 몇 번씩 편도 200km가 넘는 거리를 운전해 가면서도 아이들의 '귀차니즘' 때문에 못 만나고 돌아오는 경우가 허다했습니다. 하지만 그런 아이들에게 단 한 번도 화를 내거나 짜증을 내본 적은 없습니다. 왜냐하면 '그러니까 아이들'이기 때문입니다. 절대로 아이들의 '귀차니즘'을 비난해서는 안 됩니다. 비난하게 되면 그나마 있던 '귀차니즘'마저 어느 순간 '게으름'으로 바뀌고, 결국 부모가 감당할 수 없는 무력감이 아이를 덮칠 것이기 때문입니다.

아동학자이자 철학자인 칼 로저스는 "자녀를 사랑하려면 완벽한 아이에 대한 환상을 버려라"라고 충고했습니다. 그리고 부모는 항상 자녀의 행동을 보면서 "어디에서 실수한 거지?"라는 질문을 반복해야 합니다. 자녀의 '귀차니즘' 또한 우리 자녀가 가지는 청소년기의 보편적 특징이라는 것을 이해하고, 조금 유별나게 귀찮아한다면 그것은 부모의 숙제이지, 결코 아이 스스로 해결해야 할 숙제가 아니라는 것을 꼭 기억해주었으면 좋겠습니다.

엄마 몰카에서 이제는
민식이법 놀이까지

어린 시절의 기억을 떠올려 보면 병충해를 예방한다고 동네마다 소독차가 허연 연기를 내뿜곤 했었습니다. 당시 소독차를 가리켜 저나 친구들은 '방구차'라고 부르기도 했지요. 소독차가 내뿜는 소리가 '부와앙' 굉음을 낸다고 해서 '방구차'라고 이름을 붙였습니다. 집에 있다가도 방구차 소리만 들리면 신발을 거꾸로 신고라도 달려나가 동네 아이들과 떼를 지어 쫓아다녔습니다. 메케한 냄새에 앞도 보이지 않는데 뭐가 그리도 좋았는지 그때를 생각하면 실소만 나옵니다. 아쉽게도 추억 속 방구차는 이제 더 볼 수 없게 되었습니다. 몇 년 전부터 방구차는 소리도 연기도 없는 소독차로 대체되었죠. 방구차가 사라진 이유를 알아보니 환경오염과 소독 효용성에 대한 의문 때

문이라고 합니다. 사실 예전과는 확연히 달라진 도로 환경을 생각하면 방구차가 사라진 건 아이들의 안전을 위해서라도 잘된 일인지도 모릅니다.

그런데 얼마 전 소셜미디어에서 사라진 방구차를 연상시키는 초등학생 아이들의 아찔한 모습이 포착되었습니다. 한 아이가 '어린이 보호구역'에서 차량을 신나게 쫓아오다 부딪칠 뻔한 아찔한 장면이었습니다. 뒤이어 쫓던 차량을 놓치자 다시 다른 차량을 향해 달려가는 아이의 모습까지 찍혀 있었습니다. 맞습니다. 최근 초등학생들 사이에서 급속도로 번지고 있는 '민식이법 놀이'입니다. 이후 '민식이법 놀이'는 각종 포털 사이트에서 발견되었습니다. 또, 비슷한 시기에 한 유명 지식검색 사이트에서는 초등학생으로 보이는 아이가 "제가 용돈이 부족해서 그러는데 요즘 동영상을 보니까 차를 따라가서 만지면 돈을 준다고 하는데 한 번 만지면 얼마 정도 받을 수 있나요?"라는 질문을 올려 네티즌의 뒷목을 잡게 만들었습니다. 이후 '민식이법 놀이'는 초등학생들 사이에서 코로나 바이러스보다 더 빠른 확산을 보이며 용돈을 마련하기 위한 '짭짤한 놀이'로 전파됐습니다.

'민식이법 놀이'는 고의로 교통사고를 일으켜 합의금을 편취하는 어른들의 사기 범죄와 많이 닮았습니다. 하지만 문제는 사기죄 적용을 떠나 아이들의 '안전'이겠죠. 그러다 실제 교통사고로 이어진다면 상상만 해도 아찔합니다. 그래서 인터넷 커뮤니티에서는 많은 운전자가 '민식이법 놀이' 때문에 도망치느라 혼쭐이 났다며 하소연을 올리기도 했습니다. 무엇보다 걱정되는 건 '민식이법'의 숭고한 취지가 훼손되고 있는 상황 그 자체입니다.

몇몇 초등학교 선생님을 통해 아이들이 '민식이법 놀이'를 아는지 확인했더니 대부분이 소셜미디어를 통해 '민식이법 놀이'를 안다고 답했습니다. 또 개인적으로는 얼마 전 가출 경험이 있는 한 중학생으로부터 "생계 비용을 위해 '민식이법 놀이'가 거론되기도 했다"라는 말을 들었습니다. 다행히 친구들끼리 이야기는 오고 갔지만 다칠까 무서워서 실행에 옮기지는 않았다고 하더군요. 이렇게 되면 '민식이법 놀이'가 앞으로 가출이나 비행 소년에게 악용될 가능성이 높습니다. 또 경제적으로 돌봄을 받지 못하는 아이에게 쉽고 확실한 '돈벌이'로 여겨지지 않을지 걱정입니다.

'민식이법 놀이'는 어느 날 갑자기 '툭'하고 튀어나온 뾰루지가 아닙니다. 잊고 있었지만 우리는 불과 몇 년 사이에 아이들의 아찔한 놀이를 여러 차례 관전했었지요. 초등학생들이 아파트 옥상에서 벽돌을 던져 사람을 사망에 이르게 한 일명 '용인 벽돌 사건'이 우리를 불편하게 만들었고, 이후 벨을 누르고 도망가는 일명 '벨튀'와 부모의 음주와 흡연을 따라 하는 '부모 놀이'가 유행하기도 했습니다. 그러다 엄마를 대상으로 자극적인 영상을 몰래 찍어 올리는 일명 '엄마 몰카'까지 등장해

맘카페는 물론 사회적으로도 난리가 났었습니다. 특히, 여자아이들의 '화장 놀이'는 10년이 넘게 부모의 고민 세트로 남아 있습니다.

사안이 중대한 만큼 해법을 찾아야 하는데 쉽지 않습니다. 스마트폰 때문에 아이들의 행동모형이 이미 딱딱하게 굳은 상황에서 말랑말랑한 부모의 잔소리가 교육이 될지 의심스럽고, 또 학교에서도 스마트폰을 통제할 수 있는 권한이 없다 보니 방과 후 아이들 놀이에 대한 대비가 부족한 상황입니다. 스마트폰 때문에 훈육과 교육의 방향이 모두 길을 잃었습니다. 그래서 부모도 걱정이지만 학교 선생님은 더 걱정입니다. 그렇다고 자신의 행동을 놀이라고 생각하는 아이에게 경찰 제복과 법으로 행동을 다스리는 것도 교육적으로 망설여지는 부분이지요.

사회적 장치를 기다리기에는 아이들의 행동 속도가 너무 빠릅니다. 일단, 학교는 아이들의 아찔한 놀이 문화를 '학생의 안전'이라는 관점에서 설계해 주어야 하고, 부모는 '밥상머리 교육'을 소환해야 합니다. 교육과 훈육의 핵심은 아이들의 놀이 문화를 이해하는 데서 시작해야 하고, 나아가 아이를 둘러싼 불안전한 사회 장치들을 두루 살필 필요가 있습니다. 예를 들어, '민식이법'의 취지와 내용을 정확하고 알기 쉽게 설명하는 것은 당연하고, 어린이 보호구역은 어른들의 안전의무도 중요하지만, 아이들이 지켜야 할 횡단보도 법규 준수도 이번 기회에 확실히 인식시켜 줄 필요가 있습니다.

사안에 대한 설명만으로는 충분하지 않은 게 아이들입니다. 아이들에게는 자신이 하고 싶지 않아도 어쩔 수 없이 친구를 따라 해야 하는 압박을 받는 상황이 자주 발생합니다. '민식이법 놀이'가 용돈이 목적인 것도 사실이지만 그 배경에는 또래 집단에서 튕겨 나오지 않으려는 '레고 심리'도 존재합니다. 그래서 아이들 세계에서 압박을 벗어나게 하는 안전책은 아이의 비어있는 의식 속에 '안전선'이라는 그림을 그려주는 일입니다. 다시 말해, 아이에게 또래가 아무리 좋아도 반드시 지켜야할 '선'이 존재한다는 사실을 단단하게 심어주어야 한다는 뜻입니다. 생각보다 아이들은 안전에 무감각합니다. 성장기 구간을 생각하면 당연한 현상일지도 모릅니다. 하지만 안전의식은 학업성취와 범죄 예방 못지않게 요즘 아이들에게 반드시 필요한 덕목입니다. 그중에서도 안전의 본질은 '사람'에 있어야 한다는 뜻이기도 합니다. 아이가 안전의식을 갖는다는 건 아이스스로 '안전한 자아'를 구축하는 중요한 지점이 된다는 것을 꼭 기억해주세요.

아이들의 행동에 늘 숨어서 따라다니는 것이 있습니다. 바로 '매체'입니다. 학계나 전문가 집단에서도 소셜미디어가 아이에게 중요한 매체가 되고 있다고 입을 모읍니다. 그래서 콘텐츠의 선정성과 광고에 대한 논쟁은 불이 꺼지지 않는 편의점과 같습니다. 하지만 조금만 더 깊이 사유를 해보면, 아이들에게 압도적인 영향을 끼치는 매체 중의 매체는 바로 '부모의 말과 행동'일지도 모른다는 생각입니다. 부모의 말과 행동은 24시간 켜져 있는 텔레비전이나 소셜미디어와 다를 바가 없습니다. 부탁드리건대 "부모도 자식에게는 공인이다"라는 명제를 한번 곱씹어 보면 어떨까요? 부모는 '개인의 의견도 존재하지만, 자식을 위해 공적인 의견도 동시에 존재한다'는 사실을 생각해보는 시간을 가지면 좋겠습니다.

아이들이 운전을
시작했습니다

최근 연쇄적으로 일어나고 있는 아이들의 무면허 교통사고를 보고 있자니 속이 까맣게 타들어 갑니다. 아이들은 차량 운전석에 올라타는 것을 마치 게임기의 코드를 꼽고 소파에 앉은 것으로 착각합니다. 차량의 시동을 켜는 건 게임기 전원 버튼을 누르는 것과 다르지 않고, 핸들을 잡고 전방을 주시하는 건 마치 게임기 콘솔을 쥐고서 TV 모니터 속에 펼쳐진 거리의 풍경을 주시하는 것과 같다고 여깁니다. 중요한 건, 차량이 움직이면 아이들은 순식간에 흥분하고 긴장한 표정으로 게임 속 캐릭터가 된 양 몰입한다는 점입니다.

돌이켜 보면, 아이들의 무모한 운전이 세상에 소개된 것은 지금으로부터 20년도 더 된 일입니다. 하지만 당시 아이들의 무면허 운전은 신문 귀퉁이에 짤막한 소식으로 보도되었을 뿐, 사회적인 문제로 인식하지 않았고 사례도 많지 않았지요. 하지만 우리 사회가 어느 순간 디지털 부품으로 조립되면서 아이들의 무면허 운전 사고는 뉴스에 자주 등장하게 되었고, 공교롭게도 인터넷 게임기의 출시와 맞물려 증가하는 현상도 보였습니다. 여기에 당시 '대한민국 자동차의 변속장치가 수동에서 자동으로 바뀐 것도 한몫을 했다'라는 이야기도 있습니다.

하지만 아이들의 운전 현상을 게임과 같은 지엽적인 영향으로 몰아세우기에는 우리 사회의 구조가 크게 달라진 점도 주목할 필요가 있습니다. 불과 10년 전만 하더라도 자가용 보유수가 약 1,800만 대였던 것이 1인 가구의 증가 등으로 인해 올해는 약 2,500만 대를 가뿐히 넘어설 것으로 추정되고, 예전보다 부모가 아이들과 차량에서 보내는 시간이 많아진 것도 무시할 수 없습니다. 특히 '카 셰어링(car sharing)' 형태의 차량 공유 서비스의 등장과 허술한 소셜미디어와 애플리케이션만으로 모든 사회 시스템이 채워지는 구조 또한 아이들의 운전을 부추겼습니다. 쉽게 말해, 넘볼 수 없었던 운전의 영역을 아이들로 하여금 기웃거리게 만들었다는 뜻이기도 합니다.

예전에는 초등학생부터 고등학생까지 무면허 운전의 주요 동기가 '호기심'이었다면 지금은 호기심을 넘어 '나도 어른처럼 충분히 운전을 잘할 수 있다'라는 무모한 신념을 가지게 되었다는 점이 특징입니다. 이러한 무모한 신념의 배경에는 아이들이 장착하고 있는 '디지털 기술력'에 대한 오만과 소셜미디어가 제공하는 무분별한 정보가 깔려있습니다. 게다가 청소년기에 마주하게 되는 '동조압력'이라는 아이들의 심리 현상은 무면허 운전이 분명한 잘못이라는 걸 알면서도 어쩔 수 없이 다른 친구들의 동조로 판단이 왜곡되어 함께 행동하게 됩니다. 아이들의 무면허 운전은 인터넷 커뮤니티가 조종하는 일시적인 현상이 아니라 우리가 모르고 지나쳐왔던 작은 구멍을 비로소 마주하는 건 아닌지 의심하게 합니다.

어느 해에는 10대 청소년이 무면허 운전을 해서 데이트를 하던 젊은 남녀를 사망하게 만든 사건이 있었습니다. 당시 운전자는 고등학생이었고 조수석에는 또래 친구가 타고 있었습니다. 당시 운전자는 사고가 나기 며칠 전에도 무면허 운전으로 경찰에 단속된 사례가 있었음에도 다시 운전해 사고를 냈다고 하더군요. 이 사건을 심리한 '대전지방법원'은 고등학생 운전자에게 징역 장기 5년에 단기 4년을 선고했고, 눈여겨볼 것은 조수석에 있었던 친구 또한 '무면허 운전 방조' 혐의로 징역 8월에 집행유예 2년과 사회봉사 120시간을 선고받았다는 사실입니다.

그러나 사건 이후에도 아이들의 무모한 운전은 끊이질 않았고, 또 지난해에는 학비를 벌기 위해 아르바이트를 하던 대학생을 사망하게 만든 중학생들의 무면허 교통사고까지 있었습니다. 당시 차량에는 정원을 초과한 남녀 중학생 7명이 동승했고, 훔친 렌트카 차량으로 사망사고를 낸 후 다시 다른 차량을 훔쳐 유유히 달아나는 대담함까지 보였죠. 더 충격적이었던 건, 아이들은 경찰서에 와서도 반성은커녕 소셜미디어로 자신의 행위를 정당화하고 과시하는 모습까지 보여 입을 다물지 못하게 만들었습니다. 이렇게 되면 부모의 대비가 시급할 수밖에 없습니다. 사회의 구조가 바뀌기를 기다리기에는 시간이 터무니없이 부족합니다. 그래서 누구의 잘못을 따진다는 것은 적절하지 않아 보입니다. 일단, 아이들을 생각하면 당장에 필요한 대비를 하지 않을 수 없고, 누구도 우리 아이들을 무면허 운전으로부터 보호할 수 없다는 사실을 인식해야 할 것입니다.

먼저, 부모의 차량이 주차장에 제대로 시정되어 주차되어 있는지를 확인해주세요. 무면허 운전에 앞서 아이들의 차량 절취 사건이 빈발하면서 주요 목표물이 '백미러가 접혀 있지 않은 차량'이라고 합니다. 또 지금 당장 차량 열쇠가 어디에 있는지도 살펴주세요. 차량의 열쇠는 아이의 시선에서 가급적 보이지 않도록 해주시는 게 좋습니다. 아이는 부모의 태도에서 경계선을 배우는 특성이 있습니다. 차량은 어른만이 다뤄야 하고 절대 가벼이 건드려서는 안 된다는 인식을 아이들에게 심어줄 필요가 있습니다.

혹시 운전면허증은 어디에 보관하시나요? 아이의 지갑에 위조된 운전면허증이 있을 수 있다는 점도 체크할 필요가 있습니다. 지난해 한 중학생 아이가 어머니의 면허증으로 차량을 빌려 새벽에 운전하다 사고가 발생한 사례가 있었습니다. 업체에서는 휴대폰 인증을 한다고 하지만 공교롭게도 아이들의 휴대폰이 대부분 부모님 명의가 많다 보니 애플리케이션에서 검증하는 개인 검증은 크게 도움이 되지 못하는 실정입니다. 한술 더 떠서 소셜미디어에서는 저렴한 비용으로 아이들이 손쉽게 위조된 운전면허증을 살 수 있습니다. 사춘기에 접어들면서 지나친 과시욕과 동조 현상이 결합하면 아이들은 언제든지 비정상적인 판단을 할 수 있습니다.

　마지막으로 아이들에게 무면허 운전에 대한 심각성을 꼼꼼하게 설명해주세요. 뉴스를 통해 가족끼리 함께 토론하고 대화를 나눠보는 시간도 도움이 됩니다. 아이들은 생각보다 무면허 운전을 '범죄'라고 생각하지 않습니다. 더구나 저연령일수록 게임, 동영상, 소셜미디어를 통해 잘못된 학습을 하기 쉽지요. 결국, 아이들의 논리에서 운전 행위는 상대에게 피해를 주는 직접적인 폭력과 남의 것을 빼앗는 행위가 아니기 때문에 범죄라고 인식하지 못합니다. 오히려 자기의 자율적 행동이라고 생각하는 경향이 큽니다. 운전은 한 사람의 소중한 생명과 우리 사회가 지켜나가야 할 안전을 위협할 수 있는 무서운 행위라는 것을 지금부터 꼭 가르쳐 주시길 당부드립니다.

은밀하게 위험하게,
아이들의 랜덤채팅

코로나 19 이후 아이들의 스마트폰 사용이 늘면서 사이버 공간에서 아이에게 큰 위협이 되는 '랜덤채팅'에 관한 이야기를 해볼까 합니다. 그러니까 사이버 공간에서 아이들을 굴복시키는 무분별한 대화에 관한 이야기입니다. 사실, 부모는 아이가 스마트폰으로 누구와 대화하는지 대충 짐작하고 있습니다. 아이가 대화하는 상대는 대부분 친구 정도로만 알고 있죠. 하지만 아이는 스마트폰으로 생각보다 많은 낯선 사람과 대화한다는 사실을 알아야 합니다.

꽤 많은 시간이 지났습니다만, 한 초등학생 여자아이가 '랜덤채팅'에서 한 중학생 남자아이를 알게 돼 인터넷 교제 중이었습니다. 평소 동생의 행동을 이상하게 여긴 고등학생 언니의 상담으로 아이를 위험한 상황에서 구출할 수 있었지만, 나중에 밝혀진 내용은 더 충격적이었죠. 초등학생 여자아이가 교제했던 중학생 남자아이는 학생이 아닌 30대 남성으로 밝혀졌고, 성적 목적으로 접근한 정황들이 속속 드러났습니다. '랜덤채팅'이 우리 아이를 심각하게 위협할 거라는 예상은 이미 오래 전부터 있었습니다. 그럴 때마다 책임기관과 인터넷 회사들은 지나친 '침범행위'라며 딴지를 걸었고, 그럴싸한 여론까지 만들어냈지요. 결국, 여성가족부에서 '랜덤채팅' 앱을 유해 매체로 고시하는 발표를 통해 '랜덤채팅' 앱에「본인 인증 프로그램」을 깔기까지 10년 이상의 시간이 걸렸습니다. 안타깝게도, 그사이 수많은 아이가 '성 착취'라는 폭력에 희생됐고 'N번 방' 괴물까지 등장시켰습니다.

여성가족부에서 '랜덤채팅' 앱을 청소년 유해 매체로 고시하는 발표가 있었습니다. 지금까지 '익명'이라는 장치를 통해 아이를 대상으로 각종 인터넷 성범죄의 온상이 되었던 '랜덤채팅' 앱이 드디어 청소년 유해 매체로 고시된 것입니다. 앞으로 앱 스토어에서 진열 중인 '랜덤채팅' 앱들은 청소년 유해표시 즉, 19금 표시를 명시해야 합니다. 실명 또는 본인 인증과 대화 저장, 신고라는 3가지 기능을 갖추지 못한 '랜덤채팅' 앱들은 더 이상 청소년이 이용할 수 없게 된 것이죠. 게다가 '19금' 표시를 하지 않을 시 '랜덤채팅' 사업자는 2년 이하 징역, 2천만 원 이하 벌금을 받게 되고, 사업자가 성인인증 절차를 두지 않고 앱을 계속 운영하는 경우에는 최대 3년 이하 징역, 3천만 원 이하의 벌금형이 부과됩니다.

하지만 안심하기는 이릅니다. 법의 경고를 받은 '랜덤채팅' 이지만 여전히 다른 이름으로 아이들에게 접근하고 있고, 아이 들은 코로나 이전보다 더 많은 '랜덤채팅'과 '참교육 챌린저'라 는 무차별 폭력에 노출되어 있습니다. 특히, 지난해 뉴스에서 는 실종된 초등학생 여자아이가 사흘 만에 제주도에서 발견돼 가족에게 인계되는 보도가 있었죠. 상황 자체가 상식적으로 이 해 안 되는 정황이 많습니다. 다행히 범죄 피해 정황은 없는 것 으로 밝혀졌지만 여전히 석연치 않은 부분들이 남아 있기에 경 찰 조사는 계속 진행할 예정이라고 합니다. 무엇보다 '아이가 왜 혼자서 제주도에 있었는지' 그 이유를 밝히는 건 반드시 진 행되어야 할 것입니다.

초창기 '랜덤채팅'이 인기를 끌었던 이유는 수줍음이 많고 자존감이 부족한 아이들의 마음을 채워주는 역할 때문이었습 니다. 아이들이 가진 상상과 현실의 불만을 개운하게 털어놓기 에 '랜덤채팅'만한 곳이 없었죠. 하지만 통제기능을 갖추지 못 한 '랜덤채팅'은 오히려 범죄 도구로 전락해 지울 수 없는 상처 만 남겼습니다. 아이들은 '랜덤채팅'이 '비대면'이 가진 '안전성' 때문에 눈치 보지 않고 상상의 나래를 펼 기회가 된다고 말합 니다. '익명'과 '비대면'은 낯선 사람에게 자신의 본능을 마음 대로 보여줄 수 있는 재미와 용기를 준다고 말이지요. 그러면서 문제가 생기면 계정을 탈퇴하고 사라지면 되니 안전하다고 호언장담까지 하죠. 그러나 부모 입장에서 보면, 논리적으로 이해가 안 됩니다. 정작 범죄자들의 속임수 수준은 아이들의 고려 대상에서 제외되고 있으니까요.

기억해야 할 것은 '랜덤채팅'이 아이를 단순히 희롱하고 장난치는 범위에 그치지 않는다는 것입니다. 아이를 위태롭게 해 영혼을 파멸시키는 수준까지 이르렀죠. 하지만 아이들은 지금도 다른 이름의 '랜덤채팅'에서 부모의 통제권을 벗어나 마음대로 활보하고 있고, 이전보다 더 은밀하고 더 위험한 대화를 낯선 사람과 나누고 있습니다. 다시 말해, 아이들은 온갖 뉴스에서 드러나는 '랜덤채팅' 관련 성범죄 사건들을 자기와는 상관없는 일이라고 여깁니다. 더구나 '온라인 그루밍' 법이 시행되고 '랜덤채팅'이 유해 매체로 고시되었다 하더라도 범죄자들은 쉽게 포기하지 않죠. 범죄자들에게 범죄는 생업이니 절대 포기하지 않습니다. 법이 바뀌었다고 하지만 게임이나 일반 커뮤니티 사이트 같은 법의 빈틈을 파고들어 아이에게 접근할 여지가 많습니다.

한국형사정책연구원에서는 코로나로 인한 범죄 동향을 발표하면서 인터넷 범죄를 주목해달라는 메시지가 있었습니다. 또 코로나 여파로 오프라인 범죄가 줄은 대신 가정폭력과 인터넷 범죄 같은 「가정 내 범죄」가 증가했다고 발표했습니다. 그러면서 '사이버 도박'과 '디지털 성범죄'와 같은 구체적인 유형에 대한 사회적 대응을 요구하기도 했죠. 인터넷 공간에서 벌어지는 범죄는 책임기관이 불분명한데다 예방마저 쉽지 않습니다. 당장 교사나 경찰이 아이의 스마트폰을 뺏어 안전한지 확인했다가는 큰일 날 일이죠. 어쩌면 범죄자들은 이러한 제도의 한계와 부모의 무관심을 잘 알고 있어서 뻔뻔한지도 모릅니다. 결국, 아이를 보호하기 위해서는 부모의 적극적인 관심이 요구될 수밖에 없는 이유도 여기에 있습니다.

　오늘 당장 아이와 마주 앉아 다음과 같이 약속해주세요.

　하나, '낯선 사람'과 절대 채팅하지 않는다.

　둘, 아는 사람이라도 내 개인정보와 사진·영상을 '전송'하지 않는다.

　셋, 문제가 발생했더라도 부모는 야단치지 않으니 꼭 부모에게 도움을 요청한다.

무인 점포를
노리는 아이들

지난 몇 년간 무인 빨래방을 비롯해 무인 편의점, 무인 사진관, 무인 스터디 카페까지 등장하면서 동네 상권이 점점 무인 점포로 변하고 있습니다. 더구나 동네마다 무인 아이스크림 매장이 늘면서 아이들의 즐거움도 커졌죠. 게다가 무인 문구점까지 등장해 퇴근 후 아이의 학교 준비물을 걱정했던 부모님들의 마음이 한결 편해졌습니다. 이렇듯 우리 사회가 점점 '키오스크 사회'로 변하는 걸 몸소 실감하고 있습니다.

하지만 마냥 좋아할 일은 아닌 것 같습니다. 최근 무인 점포가 좀도둑들의 표적이 되고 있다는 이야기가 많습니다. 예상은 했었지만 이렇듯 발 빠르게 전염될 줄은 몰랐죠. 특히, 10대 비행 청소년들이 '무인 점포 좀도둑'으로 지목되면서 대책이 시급하다는 말도 나오고 있습니다. 인터넷에서 '무인 점포'라고 검색하면 '무인 점포 절도 몸살'이라는 언론 보도부터 먼저 나오는데다 또, 며칠 전에는 무인 점포에 있는 금고만 골라 턴 '10대 절도단'이 화제가 되기도 했습니다. 거리로 나온 아이들이 이 코로나 시국에 어떻게 생계를 유지하고 있을지 걱정했는데, 정작 아이들은 제 고민과는 상관없이 무인 편의점에서 먹을 걸 챙기고, 무인 뽑기에서 놀다가 무인 빨래방에서 잠을 자고 있었던 셈입니다. 어쩌면 우리 사회가 코로나를 대비한답시고 방역만 챙기다 보니 정작 거리로 나온 아이들을 챙기지 못한 대가를 치르고 있는지도 모릅니다.

한편으로 보면, 우리 사회에 번지고 있는 무인 점포에 대한 고민이 필요해 보입니다. 그러니까 무인 점포가 지금 우리 사회에 등장한 것이 적절한지 묻게 되고 또, 사회적 합의가 이뤄진 게 맞는지도 의문입니다. 코로나의 대안으로 갑작스레 인기를 끌면서 인건비 절감과 24시간 영업 등의 호재를 제공한 건 사실이지만, 관리 공백에 대한 악재는 예상치 못했던 것 같습니다. 기존의 유인 점포가 고용 비용을 감수했던 건, 고용 비용 안에 점포를 감독하고 관리하는 비용도 포함됐기 때문입니다. 이러한 고용 비용은 사람들에게 딴 마음을 갖지 못하게 만드는 효과도 있었죠. 다시 말해, CCTV 한두 대와 IP 카메라로는 관리 공백을 채우기에 역부족이라는 점이 드러난 셈입니다. 또, 관리가 허술한 점포는 결국 비행 청소년들에게 성매매와 사기 그리고 무인 점포 절도 중 어느 게 더 수월한지를 고민하도록 만들었죠.

절도와 관련해서 얼마 전, 저는 한 선생님으로부터 상담을 요청받았습니다. 교내에서 한 여학생이 지갑을 도난당해 학교 분위기가 말이 아니라고 하더군요. 아시다시피 요즘 아이들의 소유욕은 부모 시절과는 다르죠. 더구나 도난당한 지갑은 아이가 1년간 용돈을 모아 산 명품 지갑이었고, 또, 지갑 안에는 10만 원이 들어있었다고 하더군요. 학교 입장에서는 학교폭력보다 더 당황스러운 게 바로 도난사고입니다. 교내에서 일어나는 도난사고는 물증이 없기 때문입니다. 다시 말해, 물증은 없고, 정황만 난무한 게 바로 교내 도난사고입니다. 이 때문에 아이와 부모는 도난사고 예방을 위해 CCTV를 설치해달라고 요구하지만, 아이들의 사생활은 물론 인권을 침해하는 CCTV를 학교가 수용할 수 없는 노릇이죠. 더구나 학교폭력에서 변호사와 경찰이 개입하며 아이들 역시 법의 논리에 익숙해졌습니다. 그래서 도난사고가 발생하면 선생님보다 경찰을 먼저 찾는 경향도 늘었습니다. 이러한 절차가 틀렸다기보다 학교에서 해결할 기회를 잃는 게 더 안타깝고, 무엇보다 서로를 존중하고 아껴주어야 할 교내 친구 관계가 삐걱거리는 게 더 마음에 걸립니다. 도난당하는 무인 점포가 늘면 늘수록 동네 민심이 흉흉해지는 것처럼 학교 도난사고 또한 아이들 사이에서 흉흉한 분위기가 돌게 되면 학교 교육마저 타격을 받을 수밖에 없습니다.

　학교 자체가 다양한 아이들이 모인 공동체이다 보니 학교에서 크고 작은 사건·사고들이 교육 활동과 겹치게 됩니다. 특히, 교내 도난사고는 다양하고 복잡한 원인을 가지죠. 견물생심도 있지만, 상대를 괴롭힐 목적도 있고, 또 생리적인 원인이 이유가 되기도 합니다. 또, 교내에서 도난사고가 발생하면 무분별한 고자질과 비난이 난무해서 분위기도 함께 엉망이 되죠. 학교는 그럴수록 인성 교육을 강화하여 아이들의 마음을 집결시켜 보지만 말처럼 쉽지 않습니다. 최근에는 사실확인은 따지지 않고 숨 가쁘게 정보를 소비하는 '스낵 컬처' 문화 때문에, 아이들의 사회 학습량이 쭉쭉 늘고 있어 교육이 더 힘들어졌습니다.

　결국, 해법은 아이에게 훔치는 행위가 얼마나 잘못된 행동인지를 인식하게끔 교육하는 데 있습니다. 아이들의 숨겨진 도덕성과 부족한 사회적 규범력을 학교와 부모 그리고 우리 사회가 얼마나 끌어내느냐 하는 노력에 달렸다는 걸 의미합니다. 먼저 아이가 올바른 규범력을 가질 수 있도록 '선행(善行) 장치'를 만드는 게 중요합니다. 저는 지금껏 무인 점포에서 CCTV 말고 아이들의 선행을 끌어내는 장치를 본 적이 없습니다. 학교 또한 교내 사물함에 자물쇠가 제대로 걸려 있는 교실을 본 적이 없죠. 특히, 학교 사물함은 아이의 소지품을 스스로 관리하도록 만든 제도인데도 제대로 활용하는 아이가 많지 않습니다. 학교가 아이에게 값비싼 물건을 학교에 가져오지 못하게 하는 이유는 선행을 끌어내기 위한 장치라고 할 수 있습니다. 하지만 이를 어기고 자랑하고 싶어 가져오는 아이들도 꽤 많지요. 아이들의 행동이 이해가 안 가는 건 아니지만 중요한 원칙이 어디에서 삐걱거리기 시작했는지를 알 수 있는 지점이기도 하죠. 다시 말해, 학교가 도난사고를 어디서부터 점검해야 할지 알려주는 대목이기도 합니다.

아무리 무인 점포의 관리가 허술하고, 교내 사물함을 활용하지 않았다고 하더라도 '훔치는 행위'를 정당화할 수는 없습니다. 이를 정당화한다면 비행을 아이에게 합리적으로 학습시키는 계기가 되는 동시에 더 많은 비행을 부추기는 역할로 이어질 수도 있죠. 실제 강력범죄자들의 전과 기록을 보면 무분별한 절도에서부터 비행이 시작되었다는 공통점이 있습니다. 다시 말해, 도난사고에서 훔친 아이를 주목하는 것도 필요하지만, 훔치는 행위로 인해 아이가 어떻게 더 변할지 주목하는 게 더욱 중요합니다.

얼마 전, 한 마트 사장님이 물건을 훔친 중학생을 2시간 동안 나무라며 반성문을 쓰게 했다는 이유로 부모가 고소하여 벌금 50만 원을 받았다는 기사를 보았습니다. 앞으로 그 사장님은 다시는 아이에게 훈계하지 않을지도 모릅니다. 또 최근에는 초등학생 두 명이 무인 마트에 들어가 20만 원 상당의 과자를 책가방 속에 넣고 나오다 CCTV에 찍혀 적발된 사례도 있었습니다. 하지만 아이들은 만 10세 미만이라 형사처벌을 피했고, 부모는 사과는커녕 보상도 안 해주고 있다더군요. 어쩌면 이 두 사례가 아이의 행동에 대해 부모와 사회가 어떻게 행동해야 하는지를 사려 깊게 알려주는 대목으로 보입니다. 옛 시절을 돌이켜 볼 때, 우리 부모님의 부모님들은 아이가 잘못했을 때 왜 하나같이 본인이 아이를 대신해서 무릎을 꿇고 용서를 빌었을까요? 이번 글을 통해 우리 아이가 도난 피해를 당했을 때 또는 실수로 누군가의 물건에 손을 댔을 때 부모로서 어떤 행동들이 필요한지 사유해보는 시간이 되었으면 좋겠습니다.

인터넷에서 마약을
사고파는 아이들

2015년 독일의 한 가정집에서 '막시밀리안 슈미트'라는 19살 한 소년이 무장 경찰들에게 체포되는 일이 벌어졌습니다. 그가 체포된 이유는 인터넷에서 마약을 판매한 혐의였고, 놀랍게도 17살 때부터 인터넷에서 웹사이트를 만들어 14개월 동안 구매자들에게 1t이 넘는 마약을 판매한 혐의를 받고 있었죠. 또, 체포 당시 막시밀리안의 방에는 총 350kg이 넘는 어마어마한 마약이 발견돼 충격을 주기도 했습니다. 그야말로 범죄 수익만 50억이 넘는 독일 미성년자 범죄 중 '역대급 사건'이었습니다. 당시 언론을 통해 드러난 막시밀리안은 지극히 평범한 소년이었습니다. 사건이 있기 전까지 막시밀리안에게는 어떤 범죄 경력도 발견되지 않았고, 학교에서도 특별한 문제가 없었던 학생이었습니다. 당시 수사에 참여했던 경찰 또한 막시밀리안을 두고 지금껏 보지 못한 '새로운 범죄자'라고 이름을 붙이기도 했죠. 마약 범죄에서 대부분은 특정한 장소를 구해 마약을 판매하는데 막시밀리안은 달랐던 겁니다. 막시밀리안의 변호사는 소년이 내성적인 성격이고, 그 나이 또래에 흔히 사귀는 여자 친구 한 명 없었다고 말했습니다. 하지만 막시밀리안은 수사 과정에서 "마약 자체가 그냥 흥미로웠고, 게임처럼 즐기듯이 사람들에게 마약을 판매했을 뿐이다"라고 말해 충격을 주었습니다.

막시밀리안 사건에서 주목할 점은 요즘 아이들이 지닌 '범죄의 평범성'입니다. 우리는 지금까지 아이들과 관련한 '디지털 성범죄', '사이버폭력'을 통해 10대 아이들이 인터넷 공간에서 폭력과 범죄를 얼마나 평범하게 인식하는지를 여러 번 목격한 바 있죠. 이 사건도 크게 다르지 않습니다. 당시 독일 검찰이 발표한 내용을 보면, 막시밀리안이 처음 마약을 접하게 된 건 인터넷 공간에서 평소 친하게 지내는 익명의 사람들과 대화하다 '실크로드'라는 마약 도매 사이트를 알게 되었고, 검색 사이트를 통해 마약 정보를 검색하면서 흥미를 갖게 되었다고 밝혔습니다. 막시밀리안에게 인터넷에서 마약을 판매하는 건 그리 어렵지 않았던 것으로 보입니다. 모든 사회 기능이 디지털로 조립된 지금, 디지털에 최적화된 그에게는 오히려 쉬웠을 수도 있습니다. 요즘 아이들이 지닌 디지털 기술력이나 학습력을 생각하면 다크웹을 이용했다고 해서 딱히 막시밀리안이 대단하게 느껴지지는 않습니다. 심지어 막시밀리안은 '젤리' 같은 과자 속에 마약을 포장해 고객들에게 인기를 얻었고, 재밌는 스티커와 피드백까지 꼼꼼히 챙겼습니다. 놀라웠던 건, 50억이나 넘는 수익금을 왜 쓰지 않고 비트코인 지갑에 보관했는지도 의문입니다.

전 세계적으로 청소년 마약사범은 이미 위험수위를 넘어섰고 우리나라도 예외는 아닙니다. 지난 수년간 국내 10대 마약사범이 증가했다는 경찰청 통계도 눈여겨볼 필요가 있죠. 지금까지 10대 마약사범들이 구매했던 마약류는 주로 '대마초'였습니다. 다른 마약류에 비해 가격이 저렴하고, 담배와 비슷해 일상에서 들킬 위험도 없는데다 중독성도 약해 아이들 사이에서 인기가 많았던 게 사실입니다. 우리 사회에서 청소년 마약의 심각성을 알린 건, 지난해 한 지역에서 청소년 40여 명이 '펜타닐 패치'라는 암 환자의 진통제를 다량으로 구매해 복용하다 경찰에 적발된 사건이었습니다. 일찍이 '펜타닐 패치' 약품은 진통을 억제하는 효과가 헤로인의 100배가 넘는다고 하여 미국에서도 청소년들의 사용을 엄격하게 규제하는 약품인데, 어느새 아이들 사이에서 '펜타닐'이 마약 대용으로 공공연하게 거래되고 있다는 사실이 드러났죠. 심지어 검거된 아이 중에는 학교 화장실에서 '펜타닐'을 흡입한 사실이 알려져 학교는 물론 부모들까지 할 말을 잃도록 만들었습니다.

아이들이 펜타닐 패치를 구입한 경로는 더 놀라웠습니다. 아이들이 의사에게 "허리가 심하게 아프니 펜타닐을 처방해주세요"라고 말하면 손쉽게 펜타닐 패치를 처방받을 수 있었고, 놀랍게도 의료보험 미적용 약품에 대해서는 약국들이 정보를 공유하지 않는다는 사전 정보도 이미 알고 있었습니다. 아이들은 이렇게 사들인 '펜타닐 패치'를 인터넷에서 판매까지 했습니다. 문제는 여전히 동네 병원들 사이에서 10대 아이들의 '펜타닐 패치' 처방이 증가하고 있다는 사실입니다. 경찰청 통계에 따르면, 2020년 기준으로 전국 의원급 병원 단위에서 10대 아이들이 '펜타닐 패치'를 처방받은 사례가 2019년에 비해 약 300배 가까이 증가했고, '건강보험심사평가원' 자료에도 10대의 '펜타닐 패치' 처방 건수가 해마다 1천 건을 웃돈다고 합니다. 상식적으로 1년 사이에 10대 아이들의 암 유병률이 300배 가까이 증가했을 리는 없을 겁니다.

이제 우리는 아이들을 위협하는 대형 범죄 항목에 '디지털 성범죄'와 '사이버 도박'에 이어 '마약'까지 포함해야 하는 순간을 마주하게 돼 안타깝습니다. 일단, 드러난 '펜타닐 패치' 문제만 보더라도 당장 대책이 시급합니다. 병원과 약국의 처방전 발급이 그 어느 때보다 중요할 수밖에 없다는 건 당연하고요. 식약처와 자치단체 단위에서 '펜타닐 패치' 처방에 대해 강도 높은 점검이 필요하고 또, 학교와 경찰도 아이들의 마약 복용 징후와 정보를 찾도록 힘을 쏟아야 할 때입니다. 마약의 전염

성과 인터넷의 파급력을 생각하면 한 동네가 순식간에 잠식될 수 있다는 걸 잊어서는 안 되겠습니다. 게다가 이 순간에도 소셜미디어에서 마약을 의미하는 은어인 '작대기', '아이스', '크리스털' 등을 입력하면 손쉽게 마약 판매상의 연락처까지 검색할 수 있다는 사실까지도요.

　부모는 가정에서 교육과 대화를 통해 충분히 마약에 대한 정보를 공유할 필요가 있습니다. 많은 부모님이 "에이, 우리 아이가 마약 같은 말도 안 되는 약품을 사용한다고요?"라고 화들짝 놀라시겠지만, 우리 아이가 인터넷 공간에서 누구를 만나고 무슨 이야기를 나누는지 알 수 없다면 어떤 부모도 안심해선 안 됩니다. 이미 우리는 막시밀리안을 통해 단순히 아이의 흥미가 거대한 마약상을 만들 수 있었다는 걸 알았습니다. 더구나 '펜타닐'을 경험한 아이들은 하나같이 "부모 몰래 경험했다"라고 말하고, 펜타닐 중독성을 가리켜 '여태껏 단 한 번도 경험하지 못한 지옥'이라고 했으니 심각하게 받아들일 필요가 있습니다. 혹시 아이에게서 마약 징후가 보인다면, 부모가 감당할 수 있는 부분이 아니니 반드시 경찰에 신고해주셔야 한다는 것도 잊지 않았으면 좋겠습니다.

　막시밀리안은 2015년 당시 법원으로부터 소년법을 적용받아 징역 7년 형을 받았습니다. 이후 4년 7개월을 복역하고 가석방 조건으로 2019년 출소했죠. 하지만 막시밀리안은 2년도 채 못간 지난 2월, 공범 4명과 함께 다시 기소됐습니다. 다행히 이번 마약 거래는 총 20kg이 되지 않았습니다만, 문제는 막시밀리안이 더 이상 '소년'이 아니라는 사실이죠. 그는 몇 달 후면 최소 10년 이상의 형벌을 받아야 하는 신세가 됐습니다. 이렇듯 평범했던 한 아이가 거대한 마약상이 되기까지 생각보다 오랜 시간이 걸리지 않았습니다. 현재 아이들에게 '마약'은 판매하는 것도 문제지만 복용은 더 큰 문제라는 걸 꼭 이해하셨으면 좋겠습니다.

3부

위험에서
내 아이를
지키는 법

사이버폭력이 아이를 향해
역주행 중입니다

외부 강연이 한창일 때 저는 한 강연장에서 부모님들을 향해 "학교폭력을 없애려면 어떻게 해야 할까요?"라고 물었습니다. 그랬더니 부모님들은 일제히 "스마트폰을 없애면 돼요"라고 답하더군요. 비슷한 시기에 아이들에게도 같은 질문을 했더니, 아이들은 "학교를 없애면 돼요!"라고 소리 질렀습니다. 부모와 아이가 학교폭력을 바라보는 관점이 달라도 너무 다르죠. 당시 황당하게 들렸던 아이들의 답변이 지금은 아주 터무니없는 소리로 들리지 않는 이유는 뭘까요? 그렇다고 정말 학교를 없애자는 뜻은 아니고요. 스마트폰을 학교와 바꿀 수 있다는 아이들의 당찬 주장을 당시에는 심각하게 감지하지 못했다는 뜻입니다. 그만큼 아이들에게 스마트폰의 영향이 컸다는 걸 우리 사회가 진즉에 인식하고 제도를 마련했다면 얼마나 좋았을까요.

사이버폭력이 다시 이슈입니다. 학교폭력이 오프라인에서 온라인으로 이동한 지 꽤 오랜 시간이 흘렀는데도 다시 사이버폭력이 주목받는 이유는 아마도 달라진 학교폭력의 추세를 보여주는 '학교폭력 피해경험률 실태조사'와 같은 통계 때문일 겁니다. 다시 말해, 2015년도 사이버폭력을 대표했던 '떼카, 방폭, 카톡 감옥, 기프티콘 셔틀' 같은 '레트로' 유형이 다시 역주행하고 있다는 뜻입니다.

그렇다면 다시 역주행 중인 '사이버폭력' 유형들을 같이 살펴볼까요? 아마 '사이버폭력'이라는 단어를 수없이 듣기만 했지, 사실 그것이 뭘 의미하는지 진지하게 알아본 적은 없으실 겁니다. 이참에 알아보고 가죠. 먼저 '떼카'는 집단을 의미하는 '떼'와 아이들이 즐기는 메신저의 앞글자를 딴 합성어입니다. '떼카'는 한 아이를 채팅방에 초대한 뒤 집단으로 욕설을 퍼붓는 행위입니다. 욕설에 담긴 내용은 아이가 공포를 느끼기에 충분할 만큼 모욕적이고 위협적입니다. 또 '방폭'은 아이를 채팅방에 초대한 뒤 집단으로 한꺼번에 방에서 나가는 행위를 말합니다. 그러니까 채팅방을 폭파하고 아이 혼자 내버려둔다는 뜻이죠. 이렇게 되면 아이는 순간적인 고립이 공포로 다가와서 결국 좌절감과 무기력을 느끼게 됩니다. '카톡 감옥'은 앞선 사례보다 한술 더 뜹니다. 아이의 의사와는 상관없이 계속해서

채팅방에 초대해 욕설을 퍼붓고, 그게 싫어서 아이가 방을 나가면 집요하게 다시 초대해서 괴롭히죠. 아이가 초대하는 아이를 차단하더라도 다른 아이들이 번갈아 가며 초대하기 때문에 속수무책일 수밖에 없습니다. 일종의 '집단 린치' 행동으로 보면 됩니다. 여기에 강요에 의한 심부름을 뜻하는 '셔틀' 유형도 있습니다. '와이파이 셔틀'은 데이터가 없는 아이들이 한 아이의 테더링 기능을 공유기처럼 사용해 무선 데이터를 갈취하는 행위입니다. 아이의 데이터 사용료가 많이 나온다면 의심해 볼 유형이죠. 또 '게임 아이템 셔틀'은 게임에 필요한 아이템을 빼앗는 행위를 말하고, '기프티콘 셔틀'은 모바일 상품권을 빼앗는 행위를 의미합니다.

이 같은 유형들은 아이들의 또래 관계에서 벌어지는 것들이라 볼 수 있습니다. 하지만 최근 역주행 중인 사이버폭력은 또래 관계를 넘어 불특정 아이들을 상대로 접근해 폭력을 행사하는 사례들이 눈에 띕니다. 대표적인 게 '중고 거래'를 빙자해 만남을 유도한 후 금품을 갈취하는 행위입니다. 예를 들어, 커뮤니티 사이트나 메신저 공간에서 물건을 저렴하게 판매한다고 속여 아이의 학교와 집 주소, 연락처까지 알아낸 후 금품을 빼앗는 것이죠. 또 아이의 정보를 알기 때문에 폭력 행위는 한 번에 그치지 않습니다. 특히, 이러한 사례는 코로나로 인해 아이들의 스마트폰 사용이 증가하면서 더 빈번하게 일어나고 있으니 부모님들이 꼭 알아주었으면 좋겠습니다. 최근에는 아이들의 외부활동이 단절되면서 높아진 스트레스를 사이버 공간에서 해소하는 경향이 높아졌습니다. 특히 사이버 공간에서 개인을 특정하지 않고 이유 없이 비방하는 '묻지마 저격글'을 올리거나 카카오톡 메신저가 아닌 텔레그램 같은 기존과는 다른 앱을 설치해 '묻지마 폭력'을 일삼는 사례도 발생하고 있으니 주의 깊게 살펴봐야겠습니다.

사이버폭력이 세간의 관심을 끄는 이유는 '학교폭력 미투'와 같은 이유라고 볼 수 있습니다. 그러니까 '학교폭력 미투'를 통해 우리 사회가 피해자를 주목하고 피해의 상처를 공감하는 계기가 되었다면, 사이버폭력 또한 피해자와 상처를 정확하게 인식하는 노력이 필요하다는 경고로 해석할 수 있습니다. 우리는 지금껏 사이버폭력이 어느 정도의 파괴력을 가졌는지 몰랐던 게 사실이니까요. 분명한 건, 사이버폭력의 피해는 오프라인 폭력의 피해보다 더 고통스럽고 위험하다는 사실입니다. 더구나 사이버 공간은 특성상 아이들이 보호받을 곳도, 도움을 요청할 사람도 없습니다. 부모라면 이 사실을 놓쳐서는 안 됩니다. "그럼 스마트폰을 하지 않으면 되겠네요"라고 말하기도 쉽지 않은 게 아이에게 스마트폰을 하지 말라는 건, 아무것도 하지 말고 얼음처럼 가만히 있으라는 것과 마찬가지이기 때문입니다. 먼저 부모가 사이버폭력의 징후를 아는 것이 자녀의 안전을 지켜주는 첫걸음입니다. 스마트폰 알림이 울리면 아이가 불안한 행동을 보인다든지, 데이터 사용이 많아지고, 지나친

소액결제로 스마트폰 요금이 많이 나오면 부모는 꼭 의심해봐야 합니다. 대충 물어보고 아이가 게임이나 굿즈 구매 때문에 요금이 많아졌다는 핑계를 댄다면 그냥 지나치지 말고 꼼꼼하게 확인할 필요가 있습니다. 여기에 등교를 거부하거나, 전학을 원한다거나 혹은 집에만 틀어박혀 나오지 않는다면 피해가 심각해졌다는 걸 눈치채셔야 합니다.

사이버폭력의 대안으로 처벌과 신고 절차를 언급하진 않겠습니다. 학교와 경찰에 신고하는 절차를 모르는 부모는 없을 테니까요. 하지만 그보다 더 중요한 것은 근본적인 예방책입니다. 그래서 이번 글을 통해 부모가 사이버폭력에 노출된 자녀를 감지하는 능력을 키웠으면 좋겠습니다. 부모는 스마트폰이 아이에게 '보통의 위험'이 아닌 '파괴적인 위험'을 줄 수 있는 심각한 물건이라는 인식을 먼저 해야 합니다. 두 번째는 아이가 활동하는 사이버 공간이 가상 공간이라고 우습게 봐서는 안 된다는 점입니다. 세 번째는 아이가 스마트폰에 무슨 앱을 깔고, 누구를 만나는지 등 아이의 구체적인 활동에 관심을 가져주세요. 그래서 최근에는 일부 부모님들이 아이들의 '어플 기록장'을 만들어 관리하고 스마트폰 금고까지 집에 비치하는 가정도 늘고 있습니다. 이제 부모가 아이의 스마트폰 활동을 모르면 자녀가 위험할 수 있다는 건 상식이 되어버렸습니다. 네 번째는 아이가 사이버폭력을 당했을 때 어떻게 보호할 수 있을까를 고민해 보는 것입니다. 뉴스 등 사례를 통해 아이와 시뮬레이션을 해보는 연습도 필요합니다. 그러려면 부모가 최근의 사이버폭력 사례를 놓치지 않고 아이와 대면해볼 필요가 있죠. 마지막으로 사이버폭력이 발생했을 때 누구에게 도움을 받을 수 있는지를 챙겨주세요. 아이와 관련한 문제는 우선 담임교사와 상의하고, 상황에 따라 경찰청에서 운영하는 학교폭력 상담 신고 전화인 '117'과 여성가족부에서 운영하는 청소년 상담 전화 '1388' 번호는 자주 보이는 곳에 메모해둘 필요가 있습니다. 부모의 노련한 정보력과 실천이 없이는 자녀의 안전을 장담하기 어려운 환경이 되어가고 있는 것 같아 마음 한편이 무겁습니다.

진화하는 학교폭력
'아이디 계정 뺏기'

지난해, 한 중학생 남자아이에게 고민 상담을 해 주었습니다. 자신의 인터넷 계정이 범죄에 이용돼 경찰서에서 조사를 받으러 오라고 했다는군요. 물론 부모님은 모르고요. 어떻게 아이의 아이디가 범죄에 이용될 수 있었는지 물었더니 아이가 기억하기로는, 한 달 전쯤 게임 사이트에서 알게 된 형이 아이디를 팔라고 해서 단돈 5천 원에 아이디를 팔았던 게 전부라고 했습니다. 아이디를 건넬 당시 형은 아이에게 전혀 문제가 되지 않으며 손해도 없을 거라고 안심시켜서 이를 철석같이 믿었다고 하더군요. 결국, 아이는 인터넷 사이트에서 계정이 차단되는 상황까지 감당해야 했습니다.

2019년부터 유행하기 시작한 아이들의 '아이디 계정 거래'

는 전국적으로 문제가 됐던 학교폭력 중 하나입니다. 일부 지방에서는 지금도 빈번히 일어나고 있고요. 주로 한 지역의 동네 형이나 또래 집단에서 힘 좀 쓴다는 아이들이 친구와 후배들을 농락하여 단돈 3천 원, 5천 원에 매입했던 게 '아이디 거래'였습니다. 말을 듣지 않으면 어떤 보복이 뒤따를지 모르니 아이들은 영문도 모른 채 아이디를 내주어야 했습니다. 그렇게 단돈 몇천 원에 건넨 아이들의 아이디는 고스란히 사이버 도박과 성 착취물 사이트와 같은 불법 사이트를 홍보하는 일명 '전단지'의 주인장으로 둔갑했습니다. 아이들이 '아이디의 중요성'을 인식하지 못하는 걸 교묘하게 노린 겁니다.

그런데 얼마 전, 경찰청과 교육부가 신종 학교폭력으로 '아이디 뺏기' 유형을 소개해 학교와 부모의 눈길을 끌었습니다. 이제 아이들의 '아이디 거래'가 신통치 않다 보니 아예 폭행과 협박 같은 물리적 수단을 동원해 아이디를 강탈하고 있어 학교와 부모는 조심해달라는 뜻이었지요. 최근에는 또래 집단 사이에서 힘의 우위를 이용해 또래 아이들의 아이디를 빌려 '전동 킥보드'를 이용하고 요금을 떠넘기는 '일상적 학교폭력'도 새롭게 등장해서 걱정입니다. 돈이 없으면 엄두를 내지 말아야 하는데 요즘 아이들은 포기를 모르는 것 같습니다. 가해 아이들의 말을 빌리면, 돈을 뜯는 건 잘못된 것이지만, 친구에게 아이디를 빌리는 건 잘못이 아니라고 생각했다니 할 말을 잃게 만들더군요. 아이들의 장난 문화가 또다시 신종 학교폭력의 변명거리로 등장한 셈입니다.

'아이디 계정 뺏기'는 자녀를 둔 부모라면 꼭 기억할 필요가 있습니다. 이 신종 학교폭력은 아이들의 인터넷과 소셜미디어 계정을 강제로 빼앗아 판매하는 행위입니다. 여기서 '뺏는 방식'이 주로 폭력이나 협박, 강요 같은 물리적 행위를 동반하지만 대부분 가해 아이들은 피해 아이에게 '조르는 방식'으로 매달려 아이디를 뺏곤 하죠. '조르는 방식'을 고집하는 이유도 바로 피해 아이의 동의 여부를 결정하는 데 중요한 역할을 하기 때문입니다. 다시 말해, 폭력이나 협박 같은 물리적인 행동은 책임의 시비가 없지만, '조르는 방식'은 가해 아이가 책임을 피하고 피해 아이의 책임으로 몰아붙일 수 있는 여지가 될 수 있다는 뜻입니다. 만일 아이의 아이디가 범죄에 이용돼 조사를 받아야 한다면, '조르는 행위'가 과연 폭력이 수반되었다고 볼 수 있는지 쟁점이 된다는 거죠. 이렇게 되면, 학교에서 학교폭력으로 신고를 접수하더라도 사안 처리 과정에서 가해 아이의 책임을 묻기가 쉽지 않습니다. 더구나 돈을 주고 거래를 했다면 책임은 더 명확해지겠죠.

아시다시피 가해 아이들이 아이디 계정을 빼앗는 이유는 '돈' 때문입니다. 지난해까지는 가해 아이들이 동네 선배들의 부탁을 받고 아이디를 사거나 빼앗아 팔았다면, 최근에는 아이들이 자주 이용하는 게임 공간이나 소셜미디어 등에서 모르는 사람으로부터 문자 형태의 광고 글로 속여 아이들의 아이디를 사들이고 있죠. 듣자니 대체로 10건당 5만 원에서 10만 원까지 대금을 받는다고 합니다. 이렇게 팔려나간 아이들의 아이디는 고스란히 인터넷 사이트에서 '불법 전단지'를 뿌리는 범죄자로 둔갑합니다. 대표적으로 불법 사이버 도박과 성 착취물·성매매 사이트를 홍보하는 데 아이들의 아이디가 이용되고 있는 셈입니다.

'아이디 계정 뺏기'가 심각한 문제인 건, 아이가 아무것도 모른 채 다른 범죄의 주체가 될 수 있다는 사실입니다. 아이디 계정을 빼앗기는 과정에서 가해 아이들로부터 폭력이나 협박 같은 물리적 폭력을 당하는 건 말할 것도 없고요. 불법 사이트 광고 등에 이용되는 것 말고도 아이의 개인정보가 무분별한 범죄의 주인장 노릇을 할 수 있다는 게 더 큰 문제입니다. 가해자의 처벌이 쉽지 않다는 것도 기억해주세요. 가해 아이들은 노골적으로 피해 아이에게 폭력을 행사하지 않습니다. 그러니까 노골적인 폭력행사는 자신이 나중에 처벌이나 학교폭력 조치를 받을 수 있다는 걸 이미 알고 있어 교묘하게 부탁하듯 '조르는 방식'으로 '동의'를 얻어내죠. 그렇다고 피해 당한 아이를 나무라는 건 부모의 역할이 될 수 없습니다. 아이는 어쩔 수 없이 아이디를 건넬 수밖에 없는 상황이었다는 걸 알아주어야 합니다. 분명한 건, 돈 몇 푼 받자고 자신의 아이디를 함부로 건넬 아이는 없다는 겁니다.

'아이디 계정 뺏기'의 해법은 그리 어렵지 않습니다. 아이에게 "어떠한 경우라도 너의 아이디를 남이나 친구에게 함부로 건네선 안 된다"라는 사실을 알려주면 됩니다. 그리고 한 번이 부족하면 여러 번 강조하면 될 터이고, 그것도 부족하다면 좀 더 파고들어 왜 건네면 안 되는지 이유를 알아듣기 쉽게 설명해주면 됩니다. 그리고 부모가 아이의 아이디가 중요한 개인정보라는 사실을 지금부터 인식하는 것도 중요합니다. 갈수록 범죄자들은 아이의 아이디를 기웃거릴 겁니다. 왜냐하면, 아이의 아이디가 범죄를 저지르고 빠져나가는 데 큰 효과를 주기 때문이죠. 특히, 범죄자들은 초등학생, 중학생 아이디는 처벌도 받지 않는다는 이유를 설명하면서 대놓고 아이의 아이디를 사들입니다. 오늘부터라도 아이와 신종 학교폭력을 공유하고, 개인정보의 중요성을 함께 나눠주세요.

학교폭력 유형 중 부동의 1위,
'언어폭력'

조너선 스위프트의 소설 『걸리버 여행기』의 원작을 보면, 주인공 걸리버가 '릴리펏'이라는 소인국과 '브롭딩낵'이라는 거인국을 거쳐 세 번째 여행지 '하늘을 나는 섬 - 라퓨타'를 여행하는 장면이 나옵니다. 걸리버는 '라퓨타' 여행을 마친 후 지상의 수도인 '래가도'라는 지역을 방문하게 되고, 그곳에서 인간의 생활을 연구하는 사람들을 만나게 되죠. 걸리버는 여러 연구소를 돌다가 언어를 연구하는 곳에서 학자들로부터 언어생활을 개선하는 연구 내용을 듣게 됩니다. 첫 번째는 문장에 있는 동사를 제거해서 단어를 간결하게 만드는 방법이고, 두 번째는 모든 단어를 없애 버리는 연구였습니다. 학자들은 단어가 없는 대화가 정착되면, 언어가 간결해질 뿐만 아니라 국민

의 건강까지 개선될 것이라고 믿었던 것이죠. 말도 안 되는 억측처럼 보이지만 소설은 당시 현학적인 학문과 철학 선동이 만연했던 18세기 영국 사회를 신랄하게 풍자하고 있습니다.

'언어폭력'이라는 주제에서 새삼 『걸리버 여행기』가 떠올랐던 건, 어찌 보면, 지금의 자녀 세대가 『걸리버 여행기』에서 등장하는 언어학자와 많이 닮았다는 점 때문입니다. 아이들은 이미 언어의 얼개를 아랑곳하지 않고 '자음'만으로 충분히 소통하며, 그것도 모자라 한글을 파괴하고 요리조리 비틀어 새로운 언어를 만들고 있으니까요. 셀카와 이모티콘을 앞세워 점점 이 세상 단어를 없애고 있다는 사실은 신기할 정도로 이 소설과 닮아있습니다. 하지만 점점 언어예절은 사라지고, 감정을 담아 은유하던 언어의 감성 시대는 앞으로 기대할 수 없게 되는 건 아닌지 초조해집니다. 무엇보다 아이들의 '욕설'에 '동사'가 없다는 건 누구나 다 아는 사실이고, 폭력성을 지닌 '비속어'와 '욕설'은 이미 경계가 무너진 지 오래입니다. 욕설로도 모자라, 이제는 소수집단을 비난하고 헐뜯는 '혐오 발언'까지 등장한 탓에 걱정이 이만저만이 아닙니다.

경기도교육연구원 이혜정 연구원은 『혐오, 교실에 들어오다』라는 저서에서 '학교 안에서도 소수자 집단에 대한 차별과 배제를 재생산하는 혐오 감정이 일상적으로 표현된다는 것은 매우 심각한 사회적·교육적 문제'라고 했습니다. 격이 낮은 '비속어'와 상대의 인격을 모욕하는 '욕설'도 모자라 이제는 '혐오 발언'까지 등장했다는 것은 그야말로 '언어폭력'을 통제하기가 더 힘들어졌다는 것을 보여주는 대목입니다.

이렇게 본다면, 아이들의 '언어폭력'이 대체 어디까지 와 있는지 위치추적 자체가 힘들고, 또 인정하기는 싫지만 아이들의 언어가 이미 '폭력성'을 넘어 존재를 실종시키는 수색 불가의 수준까지 이르렀다는 것을 부인하기 어렵습니다. 그래서 '언어폭력'이라는 사회 용어가 계몽으로서의 '위력'이 있는지를 묻지 않을 수 없고, '정치적 올바름(Political Correctness)'에 따라 예컨대, '언어공격' 내지는 '인격 폭행'이라는 좀 더 묵직한 단어를 사용해야 하는 건 아닌지 고민이 됩니다. '언어폭력'이라는 실체는 이미 표면화되었고, 2012년 시작된 '학교폭력 실태조사'에서도 '언어폭력'이 단 한 번도 1위 자리를 내준 적이 없는 부동의 '학교폭력 국가대표'라는 사실입니다. 특히 인터넷 시대가 도래하면서 아이들의 '언어폭력'은 디지털 공간이라는 공론의 장으로 옮겨져서 자행되고 있습니다. '익명'과 '비대면'이라는 무기로 마치 아이 자신이 '투명인간'이 된 것처럼 착각하며, 얼굴도 모르는 사람에게까지 '언어폭력'을 일삼는 현상은 지금 우리가 마주한 가장 큰 고민 중 하나입니다.

학교폭력에서 '언어폭력'은 '모욕'과 '명예훼손' 그리고 '협박'과 '성희롱'이라는 범죄유형과 연결됩니다. 쉽게 말해, 아이가 '언어폭력'을 했다는 것은 이 네 가지 유형 중 하나이며, 당사자는 「학교폭력예방법」에 따라 징계 조치를 받게 되고, 또 사이버 공간에서의 '언어폭력'은 피해 정도가 오프라인보다 상당한데다 입증마저 쉬워서, 학교폭력 조치와는 별도로 경찰서에 고소하는 사례도 늘고 있습니다. 아이들이 '언어폭력'을 하는 이유로 ①재미, ②우월감, ③공격에 대한 저항과 함께 집단 내에서 ④동질감과 연대감을 맞추기 위해 어쩔 수 없이 할 수밖에 없다고도 말합니다. 여기에 '사회적 증거'라는 사회법칙과 '동조압력'이라는 심리 법칙까지 더해져서 아이들의 언어습관을 되돌리는 교육을 하기란 만만치 않아 보입니다.

우선 언제부터 우리가 아이들의 언어를 외면해 왔는지를 고민하는 데서부터 해결책을 찾아봐야 할 것 같습니다. 학교는 사회를 탓하고, 사회는 학교를 탓합니다. 그러다 이제는 학교와 사회가 담합하여 '가정'이 발원지라고 말합니다. 계속 그렇게 원인을 떠미는 사이 아이들은 점점 더 위험한 '언어폭력'에 방치되고 있습니다. 일단, 학교에서의 교육은 필수입니다. 학교생활에서 올바른 언어사용은 최고의 덕목이며, 언어가 내포하는 수많은 소양을 생각하면 학생의 본질은 언어에 있다고 해도 과언이 아닙니다. 인성교육은 '평등'과 '인권'을 담아야 마땅하고, 아이들의 언어사용은 적극적인 개입을 통해 엄중한 지도가 이루어져야 할 것으로 보입니다. 또 사회는 '담론'을 통해 아이들의 언어를 어떻게 방치해 왔는지를 스스로 물어야 할 것 같습니다. 아이들이 소비하는 자극투성이의 콘텐츠와 디지털 공간에서의 언어 규제가 적절한지를 따지고, 우리 사회가 아이들의 '언어폭력'을 금지하기보다는 오히려 미필적으로 허용한 것은 아닌지 사회적 도덕성을 들추어내야겠습니다.

아이들은 대상에 따라 언어를 다르게 사용합니다. 그래서 가정에서는 지금보다 더 세심한 관찰과 상시적인 지도가 뒤따라야 할 것입니다. 부모 앞에서 바른말을 사용하는 아이는 부모 앞에서만 바른말을 할 수도 있습니다. 아이들은 오히려 부모가 없는 사이버 공간에서 폭력적인 언어를 사용할 수도 있기 때문입니다. 따라서 부모의 언어 지도는 빠를수록 좋고, 때를 놓치지 않고 적시에 이뤄져야 효과적입니다.

『언어의 온도』의 저자 이기주 작가는 "언어는 강물을 거슬러 오르는 연어처럼, 태어난 곳으로 되돌아가려는 무의식적인 본능을 가지고 있으며, 사람의 입에서 태어난 말은 입 밖으로 나오는 순간 그냥 흩어지지 않고, 말을 내뱉은 사람의 귀와 몸으로 다시 스며든다"라고 했습니다. 아이들의 '언어폭력'이 걱정되는 이유는 바로 우리 아이가 다칠 수 있기 때문입니다. 아이를 안전하게 지키는 건 결국 '언어'에서 시작한다는 것을 꼭 기억해주셨으면 좋겠습니다.

아이들의 잘못된 배제문화,
'집요한 따돌림'

당하는 아이 입장에서 따돌림은 "예상치 못한 시간과 장소에서 '악마'를 마주해야 하는 상황"이라고 합니다. 이유도 모른 채 속수무책으로 당하는 아이에게 이보다 더 솔직한 직설법이 있을까요? 학교와 사회가 '교육'이라는 거시적 명분을 내세워 학창 시절에 누구나 흔히 겪을 수 있는 '통과의례'로만 치부하는 것을 따끔하게 지적하는 듯도 하고요.

1970년대 일본에서 시작된 '이지메(いじめ)'는 1990년대 대한민국에 '일진'이라는 용어를 등장시켰습니다. 우리 사회가 이러한 '일진'의 존재를 외면하고 있던 사이, 다시 '왕따'라는 신조어가 등장했지요. 당시 '따돌림'은 10대의 심각한 학교폭력이면서 지금까지도 빈번하게 일어나고 있는 사회 문제입니

다. 그래서『학교폭력 시리즈』중 '따돌림'을 두 번째로 선택한 이유 또한 2012년 '학교폭력 실태조사'가 실시된 이래, 피해 발생의 증가 폭이 가장 큰 유형이 '따돌림'이고, 현재도 '언어폭력' 다음으로 많은 수치를 차지하는데다 피해 정도가 가장 심각하기 때문입니다.

'따돌림'에는 따돌리는 아이들이 보여주는 일종의 '신호'와 '행동'이 존재합니다. 눈짓, 몸짓, 위치선정 그리고 꾸며낸 말들이 대표적인 행동자료죠. 여기에 갖은 속임수는 물론 협박과 폭력을 넘어 최근에는 사이버 공간에서 드러내놓고 시비를 걸며 흠집 내는 일명 '플레이밍(Flaming)'과 '가십(Gossip)'까지 추가되었습니다. 게다가 아이들이 따돌리는 이유조차 명확하지 않아서 당하는 입장에서는 괴로울 수밖에 없습니다. 특히 '따돌림'을 당하는 아이의 정신은 깨어있는 시간 전체가 마비되는 이른바 '코마(Coma)' 상태로 비유되기까지 합니다. 결국 불완전한 의식 속에서 잘못된 판단을 하게 되고, 그러면서도 누구에게도 들키지 않으려 가냘픈 마음 한구석에 방 한 칸을 만들고 꾸역꾸역 재워두기 바쁩니다. 따돌리는 아이들은 교묘하게도 상대 아이의 독무대를 기다렸다가 때를 놓치지 않고 쑥덕거리고, 놀리고, 욕하고, 소문내고, 괴롭히는 것을 은밀하게 반복합니다. 그러고는 어쩔 줄 몰라 하는 당사자의 일그러진 얼굴을 감상하며 품평까지 하죠. 게다가 문제가 생겼을 때는 하나같이 "장난이었어요"라는 말을 내뱉습니다. '잘못됐다'라는 말로는 턱없이 부족하고, 그야말로 아이의 영혼을 파괴하는 잔인한 행위가 아닐 수 없습니다.

'따돌림' 피해의 핵심은 '외로움'에 있습니다. 실제로 따돌림을 당한 아이들은 한결같이 '혼자 있는 나'를 죽기보다 싫어했고, 누군가와 소곤거리며 마음을 나눌 육체적 존재가 없다는 사실만으로도 괴로워했습니다. '외로움'이 고통스러운 이유는 아이에게 '사람'과 '장소'를 송두리째 빼앗아 가는 '고립 상태'를 만들기 때문입니다. 그래서 따돌리는 아이들은 주로 '관계 끊기'라는 공격 수단을 씁니다. '따돌림'을 당하는 아이의 우정 관계를 끊어버리는 공격 특성은 집단적이고 매우 교묘할 정도입니다. 목표로 삼은 아이의 우정 관계를 파악하고, 그 친구에게 접근하여 이간질하고, 속이며, 마치 배신을 당한 것처럼 스토리를 제공하고는 다시 위로해주며 자기편으로 끌어들입니다. 이해하기 힘들겠지만 아이들의 '동맹'은 생각보다 쉽게 이루어집니다.

그래서 이러한 '따돌림'은 '친구 관계'를 회복시켜주거나 아니면 새로운 '친구 관계'를 만들어주는 것이 해법일 수 있습니다. 물론 '따돌림'에 있어서 가장 큰 희망은 바로 교사입니다. 담임 선생님은 교실에서 직접적인 개입이 가능하고, 공격의 단절을 끌어낼 수 있는 유일한 존재라서 '따돌림' 문제에 관심을 쏟고, 해결책을 찾는다면 효과가 발휘될 수 있는 여지가 충분합니다. 하지만 교사가 부담해야 할 교육행정이 만만치 않아 아쉽지요.

　부모의 역할은 더 중요합니다. 특히, '따돌림'을 당하는 아이를 둔 부모라면 무엇보다 '연민'과 '환대'라는 두 단어를 꼭 기억해주었으면 좋겠습니다. 다소 철학적으로 들릴 수도 있지만, 지금껏 전문가들이 제시했던 '공감'과 '경청'으로는 부모를 움직일 수 없다는 생각에서 나온 필자의 의지입니다. '연민'은 아이의 고통을 부모의 고통과 동일시하는 마음이고, '환대'는 아이의 고민을 언제든지 환영하고 응대하겠다는 열린 태도를 말합니다. 부모에게 오기까지 외로움으로 고통받고 환영받지 못했을 자녀에게 '연민'과 '환대'는 효과적이면서도 실용적일 수밖에 없습니다. 또, 일부 전문가들은 '따돌림'을 당하는 아이가 특정되어 있다고 이야기하지만 저는 동의할 수 없습니다. 예컨대, 소심하거나 체격이 왜소하거나 뚱뚱하거나, 친구 관계가 무능할 경우 '따돌림'의 대상이 될 가능성이 크다고 말하지만, 저는 이 또한 경계선을 긋는 편견이어서 동의하기 어렵습니다. 우리가 알아야 할 완벽한 사실은 '따돌림'은 아이를 구분하지 않으며, 누구라도 그들의 마음에 거슬리면 은밀한 공격은 언제든지 시작될 수 있다는 것입니다.

　마지막으로, 학창 시절 1년 넘게 '따돌림'을 당했던 한 여자아이는 인터뷰를 통해 '따돌림' 때문에 힘들어하고 있을 아이들에게 이런 이야기를 전해줬습니다.

　"잘못 없다고 얘기해주고 싶어요. 잘못한 거 없고, 지금까지 잘 버텼으니까 힘내고, 털고, 일어나서 떳떳하게 살아가라고 얘기해주고 싶어요. 울어도 괜찮고, 짜증 내도 괜찮고, 화내도 괜찮으니까 잘 이겨냈으면 좋겠어요."

그리고 인터뷰 마지막에 부모의 태도에 대해서도 조심스레 이야기해 주었습니다.

"너무 힘들어서 어쩔 수 없이 부모님께 울면서 얘기했어요. 처음에는 냉철하게 이야기를 해주셔서 맞는 말인 걸 알면서도 부모님이 좀 미웠지만, 이어서 가해자들이 따돌린 행위에 대해 같이 화를 내주고, 또 어려운 얘기를 꺼내주어서 정말 고맙다는 부모님의 말씀이 큰 힘이 되었던 것 같아요."

'따돌림'을 당했던 아이들은 하나같이 '따돌림'에 대하여 상처가 잘 아물지 않는 지긋지긋한 '학교폭력'이라고 했습니다. 그런데도 학교와 부모님은 심각하게 생각하지 않는다고 하더군요. '따돌림'을 당하면 모두가 아무렇지 않은 척 티를 내지 않을 뿐이지, 사실은 오랫동안 남아있는 '통증'이라고 했습니다. 그러면서 아이들은 "그런데 왜 어른들은 모를까요?"라고 반문해 적잖이 난처하기도 했습니다. 오랜 시간 동안 '따돌림'이 존재할 수 있었던 건, 우리 어른들의 '오만'과 '편견'이 있었기 때문이 아닐까요? 그래서 이 난처했던 아이의 질문에 대한 답은, 제 몫이라기보다 우리 사회와 학교 그리고 부모가 진지하게 고민하고 풀어나가야 할 숙제가 아닐는지요.

부모가 꼭 알아야 할
학교폭력 처리절차와 회복

부모가 법이나 제도를 이해하는 데 어려움을 겪는 이유에는 "용어가 어렵고, 절차가 복잡하다"라는 편견 때문일 수 있습니다. 법과 제도를 이해하기가 쉽지 않고, 달리 주변에서 살갑게 설명해주는 역할도 변변치 못하니까요. 하지만 저널리즘의 격은 낮아졌고, 정부가 내놓는 각종 제도나 장치 또한 쉬워졌습니다. 시대가 바뀌어 우리 사회는 부모에게 법과 현상에 관심을 둘 것을 요구하고 있습니다. 특히 자녀를 키우는 부모라면 최소한 아이 관련 '법' 정도는 관심을 두어야 합니다. 아이가 학년기 이전이라면, 안전과 관련한 복지법과 예방법에 관심을 가져야 하고, 아이가 학년기라면 「학교폭력예방법」과 「청소년 보호법」 그리고 「아동·청소년 성 보호법」 정도에는 관심을 둘 필요가 있습니다.

　얼마 전, 저는 한 중학교 1학년 여학생의 삼촌으로부터 상담 요청을 받았습니다. 조카 아이가 인터넷 단체대화방에서 또래 아이들에게 집단 괴롭힘을 당하고 있다는 내용이었죠. 조카 아이는 원래 같은 학교에 다니는 한 아이랑 사이가 좋지 않은데 그 아이가 다른 학교 친구들을 끌어들여 일방적으로 조카 아이를 대화방에 초대하고는 갖은 욕설을 하고 모욕을 주며, 심지어 길거리에서 만나면 가만두지 않겠다고 협박까지 했다고 하더군요. 또, 괴롭히는 아이 중 한 아이는 날카로운 문구용품을 목에 대고 위협하는 사진까지 찍어 올렸다고 했습니다. "입증자료가 있을까요?"라는 저의 질문에 삼촌은 조카 아이가 가해 아이들과 나눈 대화 내용과 사진을 캡처해서 보관 중이라고 했습니다. 조카 아이는 단체대화방에서 겪은 충격으로 불안에 떨고 있고, 부모는 이 사실을 담임교사에게 신고했지만 별다른 진전이나 설명이 없어 결국, 경찰에 신고해야겠다는 마음을 먹었다고 했습니다. 그러면서 지금 상황에서 경찰에 신고하는 것이 적절한지 궁금해서 연락했다고 하더군요.

　아이의 피해는 학교폭력의 유형 중 '집단 괴롭힘'의 유형으로 보였습니다. 가해 아이들의 이야기를 듣지 않은 상황에서 정확한 사안을 판단하기는 어렵지만, 삼촌의 이야기만 놓고 보면 가해 아이들의 행위는 '사이버 괴롭힘'이라 할 수 있고, 괴롭히는 수단으로 '강요'와 '모욕' 그리고 '협박' 행위가 동반된 것을 볼 수 있지요.

이렇게 되면, 일단 부모는 '학교폭력 처리절차'에 대해 궁금해집니다. 학교의 설명이 충분하지 않다 보니 부모는 학교폭력이 발생할 때마다 인터넷을 찾아보거나 아니면 변호사 사무실에 연락하여 자문을 구합니다. 사실 '학교폭력 처리절차'는 부모가 이해하지 못할 만큼 그리 어려운 것이 아닌데도 평소 '내 아이와는 상관없는 일'이라며 무관심했던 게 절차를 어렵게 느끼도록 만들었을 수 있습니다.

첫째, 학교폭력 피해를 발견하면, 아이의 상처에 공감해주기

아이가 학교폭력 피해를 당한 사실을 알게 되면, 일단 침착하게 아이의 이야기를 들어주고 상처에 공감해주는 태도가 중요합니다. 부모는 아이가 학교폭력을 당했다고 하면 발끈해서 흥분하는 게 다반사죠. 하지만 부모가 자녀의 피해만을 생각하고 감정적으로 대처해서는 아이에게 도움이 되지 않습니다. 먼저, 부모가 아이의 상처를 어루만지고 보듬어주는 태도는 어쩌면 학교폭력 대응에서 기본이자 결코 지나쳐서는 안 될 절차입니다. 부모가 아이의 상처를 보듬어주었다면, 다음은 '화해'와 '신고'의 두 갈림길에서 고민해야 합니다. 무엇보다 아이의 의견이 중요해요. 아이가 '신고'보다는 '화해'를 원한다면, 부모는 가해 아이의 부모와 연락하여 아이들을 화해시키는 노력을 해야 합니다. 하지만 아이들의 이야기가 상반되거나 또, 아이가 신고를 고집한다면 어쩔 수 없이 신고하는 것이 맞습니다. 하지만 무작정 아이의 신고 의사를 받아주기보다 부모의 의견도 제시해서 아이가 감정적으로 치닫는 걸 조절해 줄 필요가 있습니다. 학교폭력에서 가해 아이든 피해 아이든 부모는 피해 아이의 '회복'에 주목해야 한다는 걸 잊어서는 안 됩니다. '회복'은 학교폭력 사안에 있어서 '핵심'이자 '실마리'라는 사실을 기억해야 합니다.

둘째, 화해가 되지 않았다면, 학교폭력 신고하기

아쉽게도 가해 아이와 피해 아이 사이에 화해가 성사되지 않았다면 부모는 어쩔 수 없이 소속 학교에 학교폭력을 신고해야 합니다. 신고하는 방법은 그리 어렵지 않습니다. 담임교사에게 이 사실을 알리거나 학교에 신고하기가 꺼려진다면 경찰청에서 운영하는 '117'로 전화해서 먼저 상담을 받아보는 것도 좋습니다. 간혹 "학교와 117 중 어느 쪽에 신고하는 것이 더 좋을까요?"라고 물어보는 부모님들이 있지만, 당연히 아이들의 문제로 빚어진 것이니 아이를 잘 아는 담임교사에게 먼저 연락하여 도움을 요청하는 게 맞습니다. 담임교사와 상의한 후 아이의 2차 피해가 걱정된다면 학교에 '긴급조치'를 요청할 수 있고, 학교에서 중재해 준다면 부모는 학교를 믿고 의지할 필요도 있습니다.

셋째, '학교폭력 사안 조사' 진행하기

학교의 노력에도 불구하고 아이들 간 화해가 되지 않았다면, 학교는 「학교폭력예방법」에 따라 '학교폭력 사안 처리절차'에 들어갑니다. 최초 신고를 받은 담임교사는 학교폭력 담당 교사에게 통보하고, 학교폭력 담당 교사는 사안을 정식 접수하여 학교장에게 보고한 후 '사안 조사'를 진행하게 됩니다. '사안 조사'는 말 그대로 학교폭력 가해와 피해 사실을 확인하는 과정입니다. 피해 아이와 가해 아이의 이야기를 듣고, 목격한 아이의 이야기와 관련 자료를 수집하여 최종 판단을 하게 되지요. 학교는 사안 조사 결과에 따라 학교장이 자체적으로 해결하거나 아니면 교육청(교육지원청)에 사안 조사를 보고하여 '학교폭력 대책심의위원회' 개최를 요청할 수 있습니다. 여기까지가 학교에서 진행하는 '학교폭력 처리절차'입니다.

마지막, 「학교폭력 대책심의위원회」에서 조치 결정하기

교육청(교육지원청)은 학부모와 교원, 학교폭력 전문가로 구성된 '학교폭력 대책심의위원회'를 개최하여 학교가 보고한 '사안 조사'를 검토하고, 관련 학생과 부모를 불러 의견을 들은 후 최종적으로 가해 아이와 피해 아이에 대한 조치를 결정하게 됩니다. 참고로 가해 아이의 조치는 '1호 서면 사과'부터 '9호 퇴학 처분'까지 총 9단계로 되어 있으며, 피해 아이의 조치는 '1호 학내외 전문가에 의한 심리상담 및 조언'부터 '6호 그밖에 피해 학생의 보호를 위하여 필요한 조치'까지 총 6단계로 되어 있죠. 부모가 '학교폭력 대책심의위원회'의 결정을 받아들일 수 없다면 행정심판을 청구할 수 있고, 행정심판 청구는 「행정심판법」에 따라 조치를 받은 날로부터 '90일' 이내에 신청할 수 있습니다.

다시 사례로 돌아와 볼까요. 저는 사안을 듣고 삼촌에게 조카 아이의 피해 상황과 아이가 진심으로 원하는 게 무엇인지 물었습니다. 그랬더니 아이는 가해 아이들의 처벌보다는 사과를 받고 다시는 같은 피해가 없었으면 좋겠다고 하더군요. 학교폭력에서 주목해야 할 것은 아이의 회복과 추가 피해를 어떻게 막을지에 대한 문제일 겁니다. 아이가 화해를 원한다는 건, 아이의 회복은 곧 가해 아이들과 화해하는 게 큰 도움이 될 수 있다는 뜻이기도 합니다. 하지만 부모가 아이의 생각을 외면하고 성급한 마음에 경찰부터 찾는다면 아이는 난처할 수밖에 없습니다. 학교폭력이 발생했을 때, 앞뒤 상황 없이 흥분만 할 게 아니라 아이의 상황과 의사에 더 주목해야 하는 이유이지요. 상담을 마치기 전, 저는 삼촌에게 아이의 속마음을 한

번 더 확인해 달라고 부탁했습니다. 특히 경찰 신고에 앞서서는 꼭 아이의 의사를 확인하고 판단해달라고 재차 부탁을 드렸습니다.

1995년 한 아이의 안타까운 희생으로 우리 사회에 처음으로 '학교폭력'이라는 용어가 등장했습니다. 여러 차례에 걸쳐 「학교폭력예방법」이 개정된 것도 이미 수많은 아이가 학교폭력에 희생되고 나서야 이뤄졌죠. 물론 조선 시대에도 학교폭력은 있었고, 일제강점기와 한국전쟁 전후 시기에도 학교폭력은 존재했습니다. 하지만 요즘 자녀세대의 학교폭력은 예전과는 비교할 수 없을 만큼 무모하고 위험천만한 모습입니다. 그만큼 피해를 본 아이의 회복이 쉽지 않다는 뜻이기도 하죠. 왜 학교폭력은 사라지거나 줄어들지 않을까요. 학교폭력이 발생하면 우리 사회가 가해 행위에만 초점을 맞추고 이슈화시키기에만 바빴던 게 원인은 아닐까요? 이 때문에 사회는 '화해'보다는 '처벌'과 '징계'에만 관심을 두고, 피해 회복 또한 응보적 차원에서 해결할 수밖에 없었던 건 아닐까요. 하지만 부모는 '응보적 해결'이 과연 아이에게 필요한 회복인지 조심스럽게 고민해 볼 필요가 있습니다. 더구나 학교폭력은 가해 아이가 피해 아이가 되고, 피해 아이가 가해 아이가 되는 악순환의 양상을 띠기 때문입니다.

학교폭력을 예방하기 위해서는 부모의 특별한 관심이 필요합니다. 특히, 부모가 아이 관련 법을 이해한다는 건, 요즘 자녀를 키우는 요즘 부모의 당연한 의무라고 할 수 있습니다. 이번 글을 통해, 학교폭력의 절차를 이해하고, 학교폭력에서 진정한 회복의 중요성을 인식하는 시간이 되었으면 좋겠습니다. 아울러 이번 글을 계기로 인터넷에서 '국가법령정보센터'를 찾아 '즐겨찾기'를 해놓고, 틈틈이 「학교폭력예방법」과 아이 관련 법들을 검색해보시길 바랍니다. 그리고 그 내용을 가족과 함께 이야기해보는 시간도 가져보셨으면 좋겠습니다.

부모가 알아야 할 학교폭력 처리 절차

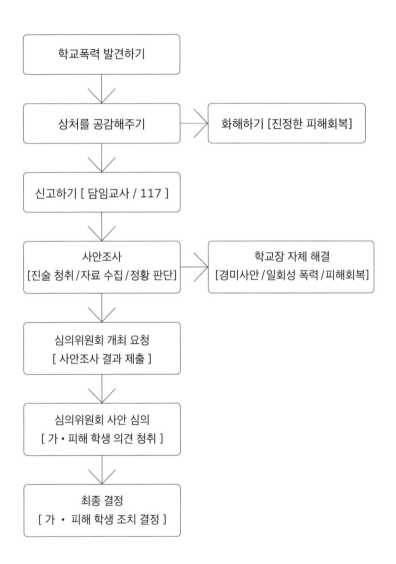

부모에게도 말할 수 없는
몸캠피싱

새벽 무렵 한 지구대에서 전화가 걸려왔습니다. 중학생으로 보이는 한 남자아이가 지구대에 와서는 1시간째 아무 말도 안 하고 있다는 겁니다. 꿔다 놓은 보릿자루처럼 앉아있기만 해서 아이의 관심을 끌려고 모든 경찰관이 합세해 지구대를 찾은 이유를 캐물었지만, 아이는 묵묵부답이었다고 합니다. 아이의 행세와 표정을 봐서는 분명 무슨 일이 있긴 한데 도통 말을 안 하니 지구대에서도 답답했겠지요. 다행히 아이가 제 연락처를 알려줘서 통화가 됐고, 저는 전화를 끊자마자 냉큼 지구대로 달려가 아이를 만났습니다. 돈을 송금했냐는 저의 질문에 아이는 돈이 없어서 경찰관에게 돈을 빌리러 왔다더군요. 그러니까 협박을 받아 지구대에 신고하러 간 게 아니라 경찰관에게 돈을 빌리러 왔다고 하니 저도 모르게 헛기침이 나왔습니다.

우리 사회에 '몸캠피싱'이라는 범죄가 등장한 것은 2012년으로 거슬러 올라갑니다. 당시 한 인터넷 커뮤니티에서 갓 결혼한 신부가 자신의 새신랑이 몸캠피싱을 당해 범인에게 협박을 받고 있다며 남편의 영상을 보지 말고 삭제해 달라는 글을 올려 화제가 됐습니다. 그러면서 의연하게 "평생 남편을 가르치며 살겠습니다"라고 글을 올려 네티즌들로부터 박수 댓글을 받기도 했지요. 그렇게 등장한 몸캠피싱은 2015년부터 우리 사회에 '보이스피싱'과 맞먹는 규모로 확산되었습니다. 한 유명 동영상 유포 차단업체의 통계에 따르면, 몸캠피싱을 당한 피해자들이 업체에 문의한 건수는 2015년 875건에서 2016년 1,570건으로 2배 가까이 늘었으며, 2017년 2,345건, 2018년 3,764건으로 증가하다 2019년에는 3,997건까지 치솟았다고 하더군요. 4년 만에 5배 가까이 급증한 셈입니다.

코로나로 인해 부모의 관심이 밀착되면서 잠잠하던 몸캠피싱이 다시 고개를 들고 있습니다. '몸캠피싱'은 아이들이 즐겨 찾는 '랜덤채팅'이나 '소셜 메신저'를 통해 범죄자가 여성의 자극적인 행동을 앞세워 아이들에게 접근합니다. 성적 호기심을 자극하는 대화를 통해 음란한 행위를 유도하도록 만드는 성 착취 범죄이자 아이의 영상물을 가지고 협박하여 금전을 갈취하는 성 착취 범죄입니다. 범죄자는 아이와 화상 대화 과정에서 악성코드를 심어 아이의 스마트폰에 담긴 모든 정보를 빼내죠. 그러니까 원하는 돈을 주지 않으면 영상을 유포하겠다고 협박하고, 실제 협박용으로 해킹한 연락처를 가지고 아이 친구 몇 명을 초대해 영상을 올리는 사례도 있습니다. 결국, 아이가 몸캠피싱을 당하게 되면 정상적인 사고를 하기 어렵고, 더구나 자신의 은밀한 신체 부위가 얼굴과 함께 버젓이 노출돼 유포될 걸 생각하면 아찔하기 짝이 없지요.

무엇보다 부모가 아이의 몸캠피싱을 눈치채기란 쉽지 않습니다. 누구에게도 말 못 할 상황에서 범인은 계속 압박하고 아이는 시간이 지날수록 고립될 수밖에 없는 게 몸캠피싱입니다. 일단 부모는 아이의 행동 패턴을 눈여겨 봐주세요. 아이가 극도로 긴장하면 아무래도 작은 티를 보이는 법입니다. 평소와는 달리 긴장한 표정이 이어진다든지 예고 없이 갑자기 집을 나서는 행동은 몸캠피싱이 보이는 징후 중 하나입니다. 또, 큰돈을 요구하는 행동도 몸캠피싱을 의심해 볼 필요가 있습니다. 그리고 이상한 낌새를 알아차렸더라도 성급하게 아이를 다그쳐서는 안 됩니다. 아이가 말하지 않으면 부모로서도 할 수 있는 게 별로 없기 때문이죠.

혹시라도 아이가 몸캠피싱을 당했다는 사실을 알았다면, 먼저 아이의 상처를 보듬어주세요. 부모의 잘못된 언어와 뉘앙스는 아이를 더 힘들게 할 수 있으니 절대 다그치거나 비하하는 행동을 해서는 안 됩니다. 부모는 아이의 피해 내용을 확인한 후 가까운 경찰서의 사이버수사팀을 방문해 신고하는 게 최선책입니다. 단, 경찰 신고를 위해 아이가 범죄자와 나눈 대화 내용과 범인의 계좌 정보 등은 미리 캡처해 보관하는 게 좋습니다. 무엇보다 아이의 동영상 유출을 우려해 범죄자와 직접 타협해서는 도움이 되지 않습니다. 어차피 범인에게 돈을 보내도 협박은 이어질 것이고, 영상물을 완전히 삭제한다는 것도 믿을 수가 없습니다. 경찰 신고보다 중요한 것은 아이의 '회복'입니다. 아이가 괴로운 건 돈이 아니라 자신의 영상물이 유포되어 다른 사람들이 자신을 알아볼지 모른다는 두려움 때문입니다. 따라서 부모는 아이의 영상물을 보고도 아이와 닮지 않았다고 강조해주세요. 설령 부모가 영상물에서 아이를 알아볼 수 있다 하더라도 다른 사람이 알아볼 수 없을 거라고 확신을 심어주세요. 그래야 아이의 일상이 온전히 돌아올 수 있습니다.

최근 아이를 향한 디지털 범죄를 보면, 아이들의 성을 착취하고 인격을 착취하다가 어느새 금전까지 갈취합니다. 더구나 최근에는 아이의 개인정보와 위치정보까지 노리고 있어 고민이 이만저만이 아니죠. 얼마 전에는 20대 한 남성이 인터넷에서 여성인 척 행세하며 9년 동안 1,200여 명의 남성을 대상으로 몸캠피싱을 저질러오다 구속됐습니다. 경찰 발표를 보니, 이 남성은 2013년부터 최근까지 남성 1,300여 명과 영상통화를 하며 피해자들의 음란 행위 등을 녹화하고 유포한 혐의를 받고 있다더군요. 더구나 피해 남성 중에는 아동·청소년이 37명이나 있었고, 이 남성의 컴퓨터에서 압수한 몸캠 영상만 27,000여 개에 달했다고 합니다. 주목할 것은 이 과정에서 일반 몸캠피싱과는 달리 영상 유포를 빌미로 피해자들에게 현금이나 추가 영상을 요구한 정황은 없었다는 점입니다.

우리 사회가 점점 잘못되어 간다는 생각이 듭니다. 요즘처럼 "어떻게 저럴 수 있지?"라는 말을 자주 하게 되는 게 기분 탓만은 아닐 겁니다. 사회가 약속했던 최소한의 도덕과 규범은 찾기 힘들어졌고, 어떻게 해서든 보호해야 할 아이들마저 성 착취와 돈벌이의 대상으로 취급되고 있습니다. 얼마 전에는 몸캠피싱을 입은 것으로 추정되는 한 중학생 남자아이가 안타깝게 생명을 잃었습니다. 사실 이러한 비통한 소식이 사람들의 가슴을 파고들지 못하는 게 더 안타깝습니다. 그만큼 디지털 범죄가 증가하면서 우리 사회가 갈수록 무감각해지고 있다는 걸 보여주는 대목이지요. 『인간은 왜 잔인해지는가』의 저자 존 M. 렉터 교수는 인간이 잔인해지는 이유를 '대상화'에서 찾습니다. 그의 주장을 보면, 인간이 인간을 사물로 취급하는 대상화 과정에는 일상적 무관심에서 시작해 타인을 단지 나의 욕망을 실현시켜 주는 유도체에 불과하다는 인식을 거쳐 '비인간화'라는 스펙트럼을 거친다고 합니다. 우리는 사회에 널리 퍼져 있는 '일상적 무관심'을 붙잡아야 하고, '사회적 둔감성'이 범죄자에게는 호기가 될 수 있다는 걸 잊지 말아야겠습니다. 아참, 아이를 상대로 범죄를 저지른 놈들은 가혹한 형벌을 꼭 받았으면 좋겠습니다.

보이지 않는 검은손,
온라인 그루밍

지난해 11월, 초등학생을 유인해 성폭행한 온라인 방송 진행자(BJ)가 경찰 수사를 받고 있다는 보도가 있었습니다. 온라인을 통해 알게 된 초등학생을 모텔로 유인해 여러 차례 성폭행한 혐의로 경찰에서 조사를 받고 있다는 뉴스가 있었는데요. 그나마 다행인 건, 뒤늦게 아이의 행동을 이상하게 여긴 부모의 신고로 BJ를 입건하고 아이도 구할 수 있었습니다만, 아이가 겪었을 피해와 충격을 생각하면 아직도 분이 가시질 않습니다. 또 지난해 6월에는 학교를 그만둔 고등학생이 여중생 3명에게 접근하여 친분을 쌓고 선물로 호의를 베푼 후 성 착취물 영상을 찍게 하여 중형을 선고받은 사례가 있었습니다. 범인은 여중생에게 접근해 호의를 베풀며 신뢰를 쌓은 후 신체 사진

을 전송받아 약점을 잡고, 성적 영상물을 촬영하지 않으면 "부모와 친구들에게 전송하겠다"라며 협박해 총 58건의 성 착취물을 촬영했습니다. 또 그것도 모자라 영상을 판매해 80만 원 상당의 수익을 챙긴 사실도 밝혀졌습니다.

듣기에도 불편한 두 사건은 부모님들도 잘 알고 있는 전형적인 '그루밍' 범죄 수법입니다. 판단력이 부족하고 호의를 좇는 아이의 심리를 악용하여 범죄자가 피해자를 지능적으로 길들인 후 성을 착취하는 '그루밍(Grooming)' 범죄 수법이죠. '그루밍'은 2014년부터 등장하여 지금까지 우리 사회에 숱하게 등장한 범죄입니다. 지난해, 여성가족부에서 '그루밍' 수법이 만연했던 '랜덤채팅'을 '청소년 유해 매체'로 고시해 이제 좀 안심이 되나 싶었는데, 이제는 아예 공인 신분을 가장하여 아이들의 눈과 귀를 가리고 성을 착취하는 형태를 보여주고 있습니다. 이렇게 되면, '그루밍'이라는 용어가 피해자 입장에서 범죄 용어로 타당한지 묻게 됩니다. "길들이다"라는 용어 자체가 사회적으로 효과 있는 단어라는 생각이 들지 않기 때문이지요. 피해당한 아이를 생각하면 '그루밍'이라는 범죄 수법을 저지르는 성범죄자는 '성 약탈자' 내지 '성 포식자'라는 동물적인 용어를 써야 하는 건 아닌지 모르겠습니다.

'그루밍'에서 눈여겨볼 핵심은 '속이기'와 '성 착취'입니다. 판단력이 없는 아이를 대상으로 아이의 정서를 이용하여 철저하게 아이를 속이고 범죄자를 따르도록 만든 후 최종적으로는 아이의 성을 착취하는 것이 바로 '그루밍'의 전형이죠. 부모가 '그루밍'을 이해하기 위해서는 무엇보다 '속임수'라는 개념을 제대로 이해할 필요가 있습니다. '그루밍'은 부모의 수준에서 해석하면 절대 이해할 수 없는 범죄입니다. 철저하게 아이의 수준에서 바라보고 특히, 소극적이고 외로운 아이 즉, 표현을 잘 안 하는 아이일수록 '그루밍' 수법에 속아 넘어가기 쉬우며 속이는 단계에서 아이가 선호하는 주제를 가지고 공감해주는 지능적인 수법을 사용하고 있다는 데 주목해야 합니다. 그래야만 많은 '그루밍' 피해 아이들이 자신이 피해를 보고도 오히려 범죄자를 두둔하며 범죄자를 범죄자가 아닌 '좋은 사람'이라고 진술하는 이유를 이해할 수 있습니다.

이제 '그루밍'을 어떻게 예방할지 살펴보겠습니다. 부모는 아이가 '그루밍' 범죄에 노출된 사실을 어떻게 알 수 있을까요? '그루밍'을 발견한 부모나 형제자매의 진술을 들어보면 '그루밍' 피해를 본 아이들은 대부분 비슷한 징후가 있었습니다. 첫째, 아이가 스마트폰을 할 때 채팅 대화 상대를 물으면 얼버무리거나 '친구'라는 모호한 호칭을 사용한다고 합니다. 보통은 친구의 이름을 알려주는 데 반해 '그루밍' 피해 아이들은 뭉뚱그려 '친구'라는 호칭을 사용한다고 하더군요. 두 번째는 아이가 스마트폰을 할 때 두리번거리거나 주변 눈치를 보는 경향이 있다고 합니다. 세 번째는 아이가 스마트폰을 할 때 자주 표정이 바뀐다든지 평소 행동에서 기분 변화가 심하다고 합니다.

네 번째는 아이의 소지품에서 부모가 모르는 고가의 물건이나 돈이 발견된다고 하더군요. 마지막 다섯 번째는 아이가 자신의 스마트폰에 집착하고, 누가 스마트폰을 만지면 예민한 반응을 보인다고 합니다. 이러한 징후는 아이가 어릴수록 반응 형태가 심하다고 볼 수 있습니다.

그런 일이 있으면 안 되겠지만, 혹시라도 부모가 아이의 '그루밍' 피해를 발견한다면, 먼저 아이를 비난하거나 야단치는 행동은 도움이 되지 않습니다. 오히려 아이의 잘못이 아니라고 설명해주는 것이 매우 중요합니다. 지금껏 '그루밍' 범죄가 아이들 사이에서 유지될 수 있었던 건, 범죄자가 교묘하게 아이의 '성도덕'을 악용하여 아이의 잘못으로 책임을 돌리기 때문이었습니다. 다시 말하면, '그루밍'은 아이가 범죄자에게 속아 성적인 대화나 생각을 표현하는 순간 범죄자가 이를 도덕적으로 악용하여 아이를 난처하게 만든다는 것이죠.

아이들의 스마트폰 과의존이 증가하면서 인터넷이 점점 아이들을 먹잇감으로 만드는 '동물의 왕국'으로 변해가고 있다는 사실에 분노를 감출 수 없습니다. 사회 제도나 정책이 하루빨리 고쳐지는 것도 중요하지만 그전에 이번 글을 통해 부모님들이 상황을 직면하고, 아이들이 즐겨 찾는 스마트폰 공간이 코로나 이전보다 더 위험해졌다는 사실을 인식하는 것이 더 중요합니다. 무엇보다 지금 대한민국은 그 어느 때보다 아이의 안전을 위해 부모의 세심한 관찰과 이해가 절실합니다.

아이들을 노리는
사기 범죄

아테네의 극작가이자 정치가였던 소포클레스는 '사기(詐欺)'를 가리켜 "어떤 약속도 사기를 치는 데 장애가 되지 않는다"라고 했습니다. '약속'은 사기 범죄에 빠질 수 없는 중요한 요소이자 모든 것이 약속거리가 될 수 있다는 뜻이겠지요. 사기를 치는 사람은 항상 달곰한 약속을 제시하고, 그럴싸한 이유를 내세워 그 약속을 철저히 깨는 과정을 담고 있습니다. 결국 사기의 공식은 약속을 만드는 것과 깨는 과정을 전제로 하고 있어서 어쩌면 사기 피해를 예방하는 핵심은 '제시한 약속'을 비판적으로 들여다보는 자세가 아닐까 생각합니다.

고등학교 1학년 남자아이는 집에서 인터넷을 하다 우연히 받은 '채팅 앱' 스팸 문자를 보고 마음이 흔들렸습니다. 광고를 본 아이는 망설임 끝에 "한번 해보자"라는 마음으로 채팅 앱을 깔아 입장했고, 이후 아이는 하루를 거의 채팅방에서 보내다시피 할 정도로 채팅에 빠져들었습니다. 하필이면 집에는 아이를 관찰하고 통제하는 사람은 한 명도 없었습니다. 아이는 시간이 갈수록 대화의 수위를 끌어올렸고, 심지어 채팅 사이트에서 여자 행세를 하는 대범함까지 보였습니다. 결국, 아이는 여자 행세를 하며 남자들로부터 용돈을 받아 챙기는 재미까지 맛보게 됐습니다. 놀랍게도 아이는 두 달 동안 남자들에게 무려 500만 원이 넘는 돈을 받아 챙겼습니다. 도무지 이해할 수 없는 상황이었지만, 아이는 "이 모든 게 가능했던 이유가 남자들에게 만나줄 것을 약속했더니 용돈을 보내줬다"라고 했습니다. 그리고 아이는 만남을 재촉하는 남자들을 따돌리기 위해 사용하던 계정을 탈퇴하고 다시 계정에 가입하는 일명 '먹튀'를 했다고 하더군요. 하지만 돈을 보낸 남자 중 한 명이 경찰에 고소하면서 아이의 사기 행각은 두 달 만에 끝이 났고, 현재 재판을 기다리고 있습니다.

이 사례는 지금까지 우리가 걱정했던 요즘 아이들의 문제와는 다른 결을 가지고 있습니다. 무엇보다 수법을 가르쳐 주지 않았는데도 아이 스스로 대범한 행동을 했다는 것에 주목할 필요가 있죠. 요즘 아이들은 논문이나 연구서에 나와 있는 인지 측정 지표와는 상당한 차이를 보입니다. 얼마든지 마음만 먹으면 사기 범죄에 가담하거나 사기 피해의 대상이 될 수가 있다는 뜻이기도 합니다. 특히 앞뒤를 재지 않고 거침없이 행동하는 모습은 발달학적으로 아이의 성장기를 여지없이 보여주는 대목입니다. 아이에게 이야기를 들었을 때 다소 불편하고 충격적이긴 했지만, 한편으로는 우리 사회에 만연하게 퍼져 있는 '사기'에 대한 인식 문화가 어떤지도 돌아보는 계기가 되었습니다.

지난해에는 한 아버지가 자녀를 위해 중고 거래 사이트에서 장난감을 구매했다가 사기를 당해 직접 사기범을 검거한 사례도 있었습니다. 당시 아버지는 범인이 보내온 편의점 영수증을 추적하여 편의점 수십 군데를 뒤진 끝에 범인을 찾을 수 있었습니다. 찾고 보니 범인은 평범한 고등학생이었지요. 또, 최근에는 고액 알바 사기와 아이디 도용 사기, 심지어 보이스피싱의 현금 운반책까지 아이들이 가담하고 있어 걱정이 아닐 수 없습니다. 우리 사회가 디지털 부품으로 조립되면서 호된 시행착오를 겪고 있는 것은 분명합니다. 게다가 인터넷 사기는 심각한 단계에 올라왔다는 것을 인식할 필요가 있습니다. "점퍼를 주문했는데 벽돌이 배달됐다"라는 웃픈 이야기가 회자한 것도 벌써 10여 년 전의 일이고, 지금은 "돈이 없으면 중고 거래 사이트에서 사기를 치라"는 아이들만의 네트워크에서 '중고나라론'까지 등장하며 확산되고 있습니다. 게임 아이템 사기는 이미 초등학교 때 경험했고, 굿즈와 콘서트 티켓 사기는 중학교 때 이미 상처를 입었습니다. 고등학생이 되면 달라질까 했지만, 고액 알바와 불법 대출로 피해를 안겨주고 있습니다.

저는 청소년 업무를 하기 전 10여 년간 현장에서 사기 범죄를 수사했었습니다. 사기꾼들은 하나같이 자신이 가장 경계하는 사람은 의심이 많은 사람이라고 하더군요. 반대로 의심을 많이 하는 사람은 그만큼 사기 성공률이 떨어진답니다. 그렇다고 아이들에게 "의심을 많이 해야 한다"라고 훈육하는 건 옳지 않겠지요. 따라서 우리가 할 수 있는 건 아이에게 '비판적 사고'를 심어주는 일입니다. 더구나 '비판적 사고'는 우리 아이를 노리는 모든 범죄에 대비할 수 있는 완벽한 방법입니다. 아이는 부모가 생각하는 것만큼 상대를 '의심'하는 것에 익숙하지 않습니다. 게다가 인지능력 또한 어른과 비교해 턱없이 부족하죠. 하지만 아이가 '비판적 사고'를 지니게 되면, 상대의 호의를 덥석 받지는 않습니다. 상식적으로 이해가 안 되는 부분도 합리적으로 사고하는 능력을 갖출 수 있죠. 중고 거래를 예로 들면, 게시글이 사기일 수 있다는 사고를 할 수 있고, 시세보다 금액이 높은 이유에 대해 의문을 가질 수 있으며, 나아가 상대의 활동 기록을 인터넷에서 검색해보는 현명함까지 기를 수 있습니다.

오늘날 사기 범죄는 성범죄와 재산 범죄 등 추악한 범죄와 결합하는 특징을 보입니다. 또 일회성에 그치는 것이 아니라 피해자를 집요하게 괴롭히고 돈을 뜯어내는 악랄한 모습까지 보여주고 있지요. 그만큼 몸집 또한 커졌습니다. 최근에는 유럽연합(EU)에서 인터넷 사기 범죄를 사이버 폭력으로 규정하기도 했습니다. 그래서 사기 범죄는 지금부터라도 부모가 관심을 기울이고 대비하지 않으면 안 되는 사안이 되었습니다. 부모는 아이가 어릴수록 누구를 속이고 누구의 속임수에 넘어간다는 게 사소한 문제가 아니라 중요한 문제라는 걸 알려주었으면 좋겠습니다. 경미한 사안이기 때문에 그냥 지나친다는 건, 아이에게는 그만큼 잘못된 편법을 알려주는 기회가 된다는 것을 꼭 생각해주세요. 이 글을 통해 아이를 위한 '사고의 전환'과 아이를 지킬 수 있는 '비판적 사고'에 대해 다 같이 고민하는 시간을 가졌으면 좋겠습니다.

아이들은 왜 딥페이크에
무감각할까?

5년 전, 한 여중생으로부터 다급한 문자 한 통을 받았습니다. 최소한 안부 인사부터 할 아이인데 다짜고짜 통화 가능 여부부터 묻기에 이상하다 싶었죠. 그래서 제가 먼저 아이에게 전화를 걸었더니 아이는 초조한 말투로 자신의 사진이 성 착취물 이미지와 합성되어 인터넷에 떠돌고 있다고 하더군요. 아이가 보내 준 이미지 주소를 클릭하자마자 눈살이 찌푸려졌습니다. 더구나 유포된 이미지에는 아이의 이름과 소속학교는 물론 좋아하는 연예인과 취미까지 적혀 있었습니다. 이미지의 용도는 성 착취물 사이트를 홍보하는 일명 '불법 디지털 전단지'였죠. 그러니까 5년 전만 하더라도 이러한 '딥페이크(허위 영상물)'는 우리 사회에서 상당히 보기 드문 사례였고, 사회적으로 이슈조차 되지 못했던 게 사실입니다.

　하지만 이제는 상황이 달라졌습니다. 아이들에게 '딥페이크'는 사이버폭력과 더불어 디지털 성범죄의 흔한 사례가 되어버렸습니다. 더구나 아이들의 디지털 기술력과 학습력을 생각하면 딥페이크 기술은 계속해서 편리성을 업그레이드하며 진화하고 있고, 아이들은 이러한 걸 누리며 학습하고 있습니다. 지난해에는 경찰청에서 '딥페이크'를 제작하고 유포한 사범을 검거한 현황을 발표했죠. 코로나가 한창이던 '20년 12월부터 '21년 4월까지 불과 5개월 만에 94명을 검거하고 그중 10명이 구속됐습니다. 놀랍게도 검거된 범인 중에는 10대 청소년이 65명으로 다른 연령대에 비해 현저히 많았습니다. 특히, 10대 청소년 중에는 다수가 14세 미만의 촉법소년으로 밝혀져 소년보호처분으로 소년법원에 송치되기도 했고요. 경찰청은 사이버 성폭력 척결을 위해 계속해서 집중단속을 이어간다고 하니 앞으로 더 얼마나 많은 아이가 딥페이크로 인해 처분을 받을지 고민이 이만저만 아닙니다.

　딥페이크의 변천 과정을 보면, 시작은 '아헤가오'라는 아이들의 디지털 장난 문화에서 비롯됐습니다. 그러니까 유명 연예인의 얼굴 이미지를 가지고 스마트폰 사진 편집기를 이용해 '아~'와 '헤~' 하는 입 모양을 만들어 우스꽝스럽게 이미지를 변질시키는 아이들의 삐뚤어진 디지털 문화였죠. 하지만 사실 '아헤가오'의 본 의미는 일본의 성인 만화와 비디오물에서 성폭행

당하는 여성의 얼굴을 비하하는 이름에서 유래되었고, 국내에 유입되면서 아이들의 장난 문화로 자리 잡았습니다. 이후 '아헤가오'는 학급 친구의 사진을 합성하여 장난치는 '지인 합성'으로 이어졌고, 결국 '지인 능욕'이라는 성적 수치심을 주는 사진합성 놀이로 발전했습니다. '딥페이크'가 아이들 사이에서 장난으로 시작되다 보니 지금까지 심각한 범죄로 인식하지 않았습니다. 그러니까 예전 우리 사회에 충격을 던졌던 소라넷과 웹하드 카르텔이 있었기 때문에 N번 방 사건이 등장한 것처럼 딥페이크 또한 우리 사회에 뜬금없이 등장한 성범죄 유형은 아니라는 뜻입니다.

무엇보다 딥페이크가 손쉽게 디지털 성범죄로 이어질 수 있었던 이유는, 아이들이 즐기는 소셜미디어의 허점에서 찾을 수 있습니다. 소셜미디어와 메신저로 소통하는 게 일상이 된 아이들 사이에서 아이들이 모르는 사람과 친구를 맺는 건 흔한 일입니다. 어쩌면 오프라인 공간에서는 상상조차 못 하는 일이죠. 특히, 아이들에게 수많은 친구는 일종의 계급과 같아서 그만큼 친구가 많다면 다른 아이들이 자신을 능력자 내지는 '인싸(인사이더)'로 인정해주는 불안한 문화가 숨겨져 있습니다. 부모님이 주목해야 할 건, 바로 아이들 사이에서 친구가 되면 '친구'라는 이유만으로 아이의 사진을 내려받을 수 있고, 개인정보인 프로필을 볼 수 있으며 심지어 아이가 누구와 무슨 대화를 나눴는지 모든 내용을 쉽게 공유할 수 있다는 사실입니다. 이렇게 되면 범죄자들이 아이의 사진과 영상을 구하는 건 그리 어렵지 않겠죠. 그러니 앞선 사례에서 피해당했던 아이의 딥페이크 이미지에 개인정보와 취미까지 적혀 있었던 것은 그리 놀랄 만한 일도 아니지요.

최근 딥페이크 기술이 몰라보게 진화하고 있는 점도 주목해야 합니다. 근래에는 여성이 아닌 남성을 대상으로 성 착취 영상물을 제작하여 유포한 혐의로 한 남성이 체포됐고, 자신을 여자로 속이기 위해 성 착취물 속 영상을 가져와 음성변조 앱으로 입 모양과 음성이 일치하게 만들어 피해 남성들을 속였다는 게 드러났죠. 절대 남자일 리가 없다던 피해 남성들은 이 사실을 알고 망연자실했습니다. 다시 말해, 현재 딥페이크 기술은 단순히 사진과 영상을 도용하여 합성하는 데 그치지 않고 통화를 유도하여 음성을 저장한 후 딥페이크에 적용하는 세밀한 기술까지 선보이고 있다는 뜻입니다. 아시다시피 이러한 음성변조는 이미 코로나 전부터 '가짜뉴스'로 여러 차례 등장하기도 했죠. 영상 속 인물을 조작하고 속이는 이 기술은 블록버스터 영화에서나 볼 수 있는 신기한 기술이었습니다. 대표적으로 1994년 개봉한 미국 영화 '포레스트 검프'에서 주인공을 맡았던 톰 행크스는 영화에서 역사 속 인물들과 함께 등장하는 장면을 보여주죠. 어쩌면 역사 속 인물을 가져다 톰 행크스의 얼굴을 합성하여 만든 대표적인 딥페이크 영화라고도 할 수 있죠. 이 덕분에 영화감독을 맡은 로버트 저메키스는 아카데미

시상식에서 '특수효과상'을 수상하기도 했습니다.

　이제 대안을 찾아보죠. 일단 부모가 주목할 건, 디지털 성범죄가 가지는 특징 중 하나인 '협업'입니다. 성 착취물이 사이버 도박과 결합하여 해당 사이트의 홍보 '전단지' 역할을 해 아이들을 끌어들이는 것처럼 '딥페이크' 역시 아이들 사이에서 인기를 끄는 '알페스, 빙의글'과 결합하여 글에 들어가는 이미지와 '짤(짧은 영상)'에 사용되지 않을지 걱정입니다. 성 착취 범죄를 위해 아이들을 협박하는 용도로 사용될 것은 너무 뻔하죠. 부모는 "아이가 스스로 자신이 아닌 걸 아는데 어떻게 협박에 넘어가요?"라고 말할 수 있지만, 아이들은 자신의 얼굴이 유포되는 것만으로도 위축된다는 걸 알아야 합니다. 오늘부터 부모님은 아이가 무심코 만드는 '딥페이크' 제작물에 관해 관심을 가져야 하고, 혹시라도 발견하게 되면 엄격한 태도로 제동을 걸어야 합니다. 부모는 아이가 컴퓨터와 스마트폰으로 뭘 하는지 알 수 없으니 최소한 아이에게 '딥페이크'의 위험성을 함께 공유하고 알려야 한다는 걸 잊지 않았으면 좋겠습니다.

　또, 아이들에게 '친구추가'를 신중하게 해달라는 부탁도 더해주세요. 아이들에게 아무리 강조해도 지나치지 않은 것 중 하나가 바로 소셜미디어에서의 '친구추가'입니다. 디지털 범죄는 잘못된 '친구추가'에서 시작됩니다. 또, 인터넷 공간에서 상대의 이미지나 영상은 매우 중요한 타인의 인격이자 재산이라는 것도 빼놓지 않았으면 좋겠습니다. 이를 함부로 다루면 위험한 일이 일어날 수 있다는 것도 꼭 말해주었으면 좋겠습니다.

소년법에는
'소년'이 없다

'소년법'이 또 주목받고 있습니다. 저뿐 아니라 이 글을 읽으실 독자 또한 소년법 논쟁이 새삼스럽지 않은 이유는 지금까지 숱한 소년범죄들을 관전해왔기 때문일 겁니다. 2017년 부산에서 여중생 집단폭행 사건이 발생하고 우리 사회에 큰 충격을 준 이후 지금까지 단 한 차례도 빠지지 않고 해마다 등장했던 게 소년범죄였고, 소년법 논쟁이었죠. 하지만 논쟁은 우리에게 소년법에 대한 기대감보다 '무력감'이라는 패자의 고통만 안겨준 듯합니다.

지난해에는 10대 중학생들이 차량을 훔쳐 달아나다 사망사고를 낸 사건이 있었습니다. 당시 차량에 탑승했던 10대 아이들의 대화 내용과 경찰서에서 폼 잡고 찍은 사진이 소셜 미디어에 유포되면서 네티즌들로부터 또 한번 공분을 사기도 했죠. 무엇보다 안타깝게 목숨을 잃은 피해자와 유가족을 생각하면 입술이 떨릴 정도로 분을 참기가 힘들 지경입니다. 게다가 'N번 방' 성 착취 사건에서 일부 공범들이 10대로 밝혀지면서 벌써 이들에 대한 소년법 적용을 둘러싸고 솜방망이 처벌을 걱정하는 목소리가 커지고 있습니다. 더구나 피해 여성 중에는 어린 초등학생을 포함해서 다수의 미성년자를 협박해 성을 착취한 사실까지 밝혀져 '더는 소년 범죄자에 대한 관용과 특혜를 허락해서는 안 된다'라는 청원까지 들끓었죠. 앞으로도 소년범죄는 멈추지 않을 것 같습니다.

소년법을 말하기 전에 "우리는 소년을 모른다"라는 명제에 한번 주목해 볼까요? 우리는 대개 '소년'을 잘 알고 있다고 착각하는 경향이 있습니다. 하지만 소년을 선도하고 보호하는 청소년 상담 전문가들조차 지금의 아이들을 이해하는 데 어려움을 겪고, 학교에서도 이제는 교육학을 적용하기가 쉽지 않다고 하소연합니다. 그나마 경찰은 아이들이 피하는 '척'이라도 하지만, 전문상담사나 학교 선생님에게는 정면으로 맞서는 것이 소년들만의 행동지침이 됐습니다. 소년들이 이렇게 당당한 이유는 그들에게 "나는 잡히지 않는다, 나는 촉법소년이기 때문에 교도소에 가지 않는다"라는 잘못된 신념이 내면화돼 있기 때문입니다. 이러한 잘못된 신념은 근래의 소년범죄에서 여실히 드러나고 있고, 더구나 이를 바라보는 아이들은 마치 게임에서 영웅을 마주하듯 학습하고 흠모한다는 사실입니다.

소년법의 폐지 논쟁을 불러오는 이유는 바로 아이들의 잘못된 신념을 깰 수 있는 마땅한 방법이 보이지 않는다는 데 있습니다. 하지만 소년법은 지금까지 숱한 논쟁에도 불구하고 폐지할 수 없다는 사실을 우리는 이미 여러 차례 확인했습니다. 우리나라에서 소년법을 제정한 것은 1958년으로, 한국전쟁 이후 모든 국민이 경제 회생이라는 국가적 과업에 매진하고 있을 때 소년들의 교육은 주춤했고, 생계형 범죄는 빠른 속도로 증가했습니다. 이러한 시대적 배경을 딛고 등장했던 것이 바로 소년법이었죠. 당시 정부는 '국가와 부모는 같다'라는 외국의 '국친사상(國親思想, parent patriot)'을 소년법의 이념으로 받아들이면서 제정했고, 지금까지 총 12차례에 걸쳐 개정이 이루어졌습니다.

1958년 소년법 제정 당시 만 20세였던 소년의 나이가 2008년이 되어서야 만 19세로 낮아졌으며 '촉법소년' 또한 법 제정 당시 만 12세에서 14세였던 연령이 2008년 법 개정을 통해 만 10세에서 14세로 내려가 현재까지 적용되고 있습니다. 다시 말해, 사회변화의 속도에 비해 촉법소년의 법적 상향 연령이 반세기가 넘었는데도 지금도 똑같이 적용되고 있다는 뜻입니다. 하지만 소년법 폐지가 현실적으로 불가능한 이유는 'UN 아동 권리협약'이라는 국제법이 견고하게 버티고 있고, 민주주의의 원칙이라는 큰 줄기가 바탕에 깔려있기 때문이기도 합니다. 현실적인 처방을 내려야 한다면 소년법 폐지보다는 소년법 개정이 타당해 보입니다. 그리고 소년법 개정에 앞서 우리가 짚고 넘어가야 할 것은 "소년법에는 '소년'이 없다"라는 사실입니다. 물론 학계에서는 책임 연령의 인하가 소년범죄의 감소에 도움이 되지 않는다는 반론도 적지 않습니다. 또 논리적으로 터무니없는 이야기도 아닙니다. 그럼에도 불구하고 소년법 개정을 서둘러야 하는 이유는 바로 우리가 딛고 서 있는 사회구조 때문입니다.

우리는 요즘 아이들을 가리켜 '디지털 세대'라고 부릅니다. 인터넷과 스마트폰의 출현으로 온갖 사회 시스템이 디지털이라는 부품으로 조립된 지 오래고, 점점 아이들의 체형으로 맞춰진 지금의 사회는 이미 기득권의 상식을 넘어서는 시대가 되었습니다. 우리는 역사적으로 단 한 번도 체험하지 못한 뜻밖의 세상을 경험하고 있으며, 중요한 건 소년들이 주류이고, 우리는 비주류라는 사실입니다. 그러다 보니 디지털 기술은 저절로 아이들에게 오만한 품행과 무모한 자신감을 가르쳤고, 결국 사회가 할 수 있는 통제기능은 제대로 힘을 써 보지도 못하고 있습니다. 그래서 소년법의 나이를 판단하는 데 있어서 사회변동을 빠뜨리고 생각할 수는 없다는 뜻입니다. 또한 소년법 개정과 더불어 우리가 놓쳐서는 안 될 숙제가 바로 소년범의 '재범률'입니다. 법무부 자료에 따르면 2018년 청소년 보호관찰 대상자의 재범률은 12.3%이고, 성인 보호관찰 대상자의 재범률은 5.6%를 기록했습니다. 또 2017년에는 청소년, 성인 각 각 12.8%, 5.6%를 기록했고, 10년 전인 2009년에는 11.3%, 4.6% 등으로 나타나는 등 청소년의 재범률이 성인의 재범률을 10년간 2배 간격으로 유지하고 있다는 것은 소년범죄의 재범률이 전담 인력의 부족과 무관하지 않다는 것을 말합니다.

수년간 이어져 온 소년법 개정 논쟁은 어쩌면 소년법에 없는 소년들을 위축시켰을 뿐만 아니라, 싸잡아 매도하는 보이지 않는 차별적 시선만 낳았을지도 모릅니다. 또 소년법이 피해자를 외면하고 있다는 생각도 지울 수가 없습니다. 형사법에서 처벌은 곧 피해자의 회복을 의미하고, 법의 이념이기도 합니다. 처벌과 결정이 범죄자의 교정과 사회 안전을 의미하기도 하지만, 무엇보다 피해자에게는 '회복'의 의미도 있습니다. 즉, 피해자의 회복을 등한시한다면 이는 명백한 법의 직무유기일 수밖에 없고, 무엇보다 소년법이 소년에게 "범죄를 저지르면 안돼!"라고 설득하는 법이 돼야 하는데, 과연 지금의 소년법이 소년을 잘 설득하고 있는지 묻게 됩니다. 소년법에서의 '소년'의 기준이 과연 우리가 마주하는 그 '소년'이 맞는지를 검토하고, 또 소년법의 목적에 맞게 현행 소년법이 비행 소년의 환경 조정과 품행 교정을 위해 최선을 다하고 있는지를 신중하게 들여다봐야 합니다.

피해자의 시계는
멈춰 있습니다

　　한때 유명 배구선수 자매가 '학교폭력 미투'에 휩싸였습니다. 피해자라고 주장한 익명의 피해자는 '현직 배구선수 학폭 피해자들입니다'라는 제목으로 21개의 폭력 피해 사례를 상세히 자신의 소셜 미디어에 올렸죠. 특히 피해자는 가해자로 지목된 배구선수와 같은 학교에 다녔다는 걸 증명하기 위해 학창 시절 사진까지 올리기도 했습니다. 논란이 일자, 해당 선수들은 자필 사과문을 적어 소셜 미디어에 게시했지만, 피해자에 대한 진정한 사과가 느껴진다는 사람은 많지 않았습니다. 논란 때문에 해당 선수들은 무기한 출전정지가 내려졌고, 안타깝게도 국가대표 자격까지 박탈당했습니다. 뒤이어 남자 배구선수들 역시 '학교폭력 미투'의 가해자로 지목돼 같은 수순을 밟

았지요.

　얼마 전에는 한 노래 경연 방송 프로그램에서 인기를 누리던 여자 가수가 학교폭력 미투에 휩싸이기도 했습니다. 피해자라고 주장한 글쓴이는 가해자가 "인사를 똑바로 안 한다고 때리고, 엄마랑 같이 있는데 인사를 너무 90도로 했다고 때리고, 몇 분 내로 오라고 했는데 그 시간에 못 맞춰왔다고 때리고, 이유 없이 맞은 날도 수두룩했다"라며 당시 피해 상황을 낱낱이 폭로했습니다. 그러면서 글쓴이는 "자신은 10년이 지난 지금까지도 고통받고 있는데 가해자는 지난 과거를 반성하기는커녕 사실을 숨기고 포장하는 모습을 보고서 도저히 참을 수 없었다"라고도 했습니다. 결국, 가해자로 지목된 가수는 방송에서 눈물을 흘리며 하차하고 말았습니다.

　학교폭력 피해자는 학창 시절 겪었던 악몽을 수십 년이 지나도 잊지 못한다는 걸, 우리는 직접 목격했습니다. 피해자는 학교폭력으로 인해 행복한 시간으로 채웠어야 했을 시간을, 두고두고 억울해하며 살아갑니다. 학교폭력이라는 비열한 행동이 한 사람의 삶을 수십 년간 통째로 바꿔놓을 수 있다는 걸 배운 셈입니다. 하지만 피해자의 삶이 피해자만의 몫은 아닙니다. 피해자의 가족은 피해자와 동일 선상에서 피해자를 아슬아슬하게 지켜보며 살아가는 고통을 감내해야 하죠. 20년이 지나도 피해자의 고통이 쉽게 가시지 않는 건, 피해자 혼자만의 고통이 아니라 피해자를 둘러싼 '다수의 고통'일 수 있기 때문입니다.

　우리 사회는 더 이상 '무례함'을 지나치지 않습니다. 타인을 짓밟고 착취하며, 할 것 다 하고, 누릴 것 다 누리면서 마치 자신은 "힘들었지만, 올곧은 삶을 살아왔다"라는 거짓말을 두고 보지 않죠. 예전처럼 포장된 과거가 허용되는 시대도 아닙니다. 초 연결시대가 만든 사회구조 속에는 가해자들이 잊고 있었던 '피해자의 시선'이 존재한다는 걸 우리는 최근에서야 실감하고 있습니다. 또 사회는 바라만 보지 않고 과거를 소환하여 공소시효가 없는 '사회적 재판'을 언제든 열 수 있게 만들었죠. 이렇게 되면, 앞으로는 가해자들이 피해자에게 저지른 지난 과오를 사과하지 않고서는 자신의 꿈을 실현하기는 어려워 보입니다. 특히 가해자가 "학창 시절의 철없는 행동이었다"라고 말하는 건, 피해자의 감수성을 모르고 하는 말입니다. 피해자의 고통을 진심으로 이해한다면 절대 나올 수 없는 말이니까요. 가해자는 '철없는 행동'이었다고 짧은 문장으로 대체할 수 있을지 몰라도, 피해자는 '철없는 행동' 때문에 평생을 괴로워하며 살아가야 합니다.

　학교폭력에서 주목해야 할 것은 '피해자' 그 자체입니다. 또 피해자의 범위가 피해자 한 사람이 아니라 피해자와 관련된 모든 사람의 삶과 연결되어 있다는 것도요. 따라서 피해자의 고통을 진심으로 이해하려는 노력 없이는 누구라도 자신이 누리던 자리로 다시 돌아가는 건 쉽지 않을 겁니다. 폭로가 나오고 이어서 사과글이 바로 올라왔다는 건, 가해자에게는 최선이 었겠지만, 피해자는 '속전속결' 같은 사과문을 두고 "나의 고통을 이렇게 빨리 이해했을까?" 하는 의문을 가질 수밖에 없죠. 어쩌면 피해자는 가해자의 사과글이 담긴 A4 용지 한 장보다는 피해자가 당한 고통을 듣고, 인정하며, 사과하고, 자숙하는 모습을 보여주기를 더 바랄지도 모릅니다.

아이가 학교폭력의 당사자가 되면, 아이와 부모는 오롯이 피해당한 아이만 바라보는 노력이 필요합니다. 어찌 됐건, 우리 아이로 인해 한 아이가 고통을 받았다면 어른인 부모가 먼저 나서서 아이의 상처가 덧나지 않게 도와줘야 하는 게 맞습니다. 그래야만 진정한 화해가 이뤄지고, 피해 아이 또한 최대한 빠르게 회복할 수 있습니다. 「학교폭력 피해자 가족협의회」 조정실 회장은 "학교폭력의 후유증은 피해자들이 성인이 되어서도 지속해서 사회적으로 더욱 심각한 문제를 양산할 수 있는 시한폭탄과 같다"라고 말했습니다. '학교폭력 미투'는 사과해야 할 시기에 사과하지 않았던 이유가 원인입니다. 또, 피해자의 시계는 피해당한 시점부터 멈춰 있다는 걸 꼭 기억해야 할 것입니다.

4부

아이의 방패가
되어야 할
가족

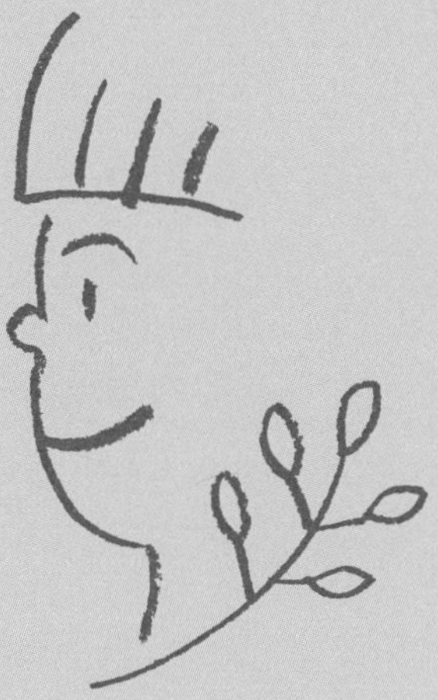

죄송하지만,
체벌은 끝났습니다

얼마 전 후배로부터 자녀의 체벌과 관련한 '웃픈' 이야기를 들었습니다. 가정에서 자녀들 간에 벌어지는 사소한 다툼은 끊이지 않는 연속극과 같아서 이 또한 가족만이 연출할 수 있는 드라마이고, 자녀들이 성장하는 자연스러운 발달 과정입니다.

후배의 이야기는, 어느 날 초등학교 6학년인 아들이 중학교 1학년인 누나와 말다툼을 하다 아들이 누나에게 욕설을 해서 이내 아빠에게 일러바쳤답니다. 주범은 어느새 자기 방으로 줄행랑을 쳤고, 욕설은 어떤 상황에서도 용납해서는 안 된다는 생각에 후배는 베란다에 있던 물걸레 자루를 뽑아서 아들방으로 향했습니다. 아들은 문 반대편에서 필사적으로 저항하며 물기 묻은 말투로 "제발 때리지 말라"고 외쳤답니다. 그 말을 들은 후배는 더 화가 나서 문을 쿵쾅거렸고 끝내 아들은 문을 열어주었지만, 후배가 문을 열고 들어가는 순간 아들은 안 맞으려고 방어 자세를 취하면서도 스마트폰을 치켜들고서 후배를 촬영하고 있더라는 겁니다.

"안 때린다고 어서 약속해! 잘못한 거 알고 있고, 나도 후회하고 있다고."

"휴대폰 안 치워? 어디서 누나한테 욕을 해?"

"아빠가 때리면 경찰에 신고할 거야. 그리고 이 영상 증거로 줄 거야!"

후배는 너무 어이가 없어서 힘으로 붙잡아 아들을 때리려고 했지만 재빠른 아들은 죽기 살기로 도망을 다니면서도 마치 특종 장면을 놓치면 안 된다는 듯 촬영은 포기하지 않았다고 합니다. 결국, 아내의 중재로 야단법석은 일단락되었지만, 후배는 이번 일로 조금 충격을 받은 듯했습니다.

이 황당한 사례가 후배 가정만의 에피소드는 아닐 겁니다. 요즘 아이들의 학습력은 뛰어나다 못해 매우 엉뚱하며, 자신의 스마트폰을 어떻게 사용해야 하는지 정도는 누구보다 더 잘 알고 있습니다. 그것은 자녀 또래끼리 터득한 '생존방식'이자 그들만의 비상대책 회의를 통해 얻어낸 '대처방안'입니다.

유쾌하면서도 안쓰러워 보이는 후배 아들의 이야기를 들으면서 저는 '체벌'에 대한 심오한 이야기를 그리 심오하지 않게 풀어봐야겠다는 생각이 들었습니다. 동의하실지 모르겠지만 대한민국 부모들은 여전히 체벌을 하고 있으며, 자녀를 위한 체벌은 당연한 훈육이라 여깁니다. 또 저 역시 체벌을 실제로 겪은 당사자이기도 합니다. 일단 체벌에 대해서 부모의 '사유(思惟)'가 좀 필요해 보입니다. 부모는 체벌의 이유를 '자녀의 훈육'이라 말하고, 자녀의 잘못을 교육적으로 수정할 수 있다고 생각합니다. 하지만 '체벌이 정말 교육적일까?' 하는 질문을 하게 되는 이유는 체벌의 방식과 상황 그리고 체벌의 정도가 부모와 자녀에게 다른 감정을 전달하기 때문입니다.

체벌은 '가족'이라는 공동체를 사회가 어떻게 해석했느냐에 따라 다를 수 있고, 시대의 허락 여부에 따라 허락과 금지가 혼용될 수 있을 것 같습니다. 그리고 체벌을 '해야 한다'와 '하지 말아야 한다'를 쉽게 논할 수 없는 것이, 우리 부모조차 체벌의 경험을 한 탓에 체벌의 경험이 부모의 당연한 훈육이라며 끈질기게 붙잡고 있기 때문일지도 모릅니다. 체벌은 보통 물리적인 제재만을 말하는 듯 보이지만 사실은 물리적 체벌 외에도 일상에서 자녀를 깎아내리거나 무시하고, 치사하게 다른 아이와 비교하는 부모의 정서적 체벌 또한 자녀의 발달과 인지구조에 큰 영향을 미칩니다. 그래서 이 정서적 체벌이 물리적 체벌보다 오히려 더 아프고 더 오래간다고 아이들은 말합니다.

제가 만나는 10대 청소년들은 체벌 당시의 감정을 '짜증난다, 무섭다, 겁이 난다, 슬프다, 화가 난다, 공포스럽다, 끔

찍하다, 비참하다'라고 표현했습니다. 특히 체벌을 경험한 아이 중 누구도 부모의 기대처럼 잘못을 인정하고 반성하는 이는 단 한 명도 없었다는 게 더욱 놀라웠습니다. 결국, 자녀에게 체벌은 교육의 효과보다 오히려 자녀가 부모에게 '반감을 품게 되는 타당한 이유'이자 부모와 벽을 쌓는 '착공일'에 불과합니다.

　체벌의 효과성을 두고 그 어떤 연구에서도 교육적으로 효과가 있다는 결과는 없습니다. 대신 체벌에 대한 부정적인 연구 결과는 쉽게 찾을 수 있는데, 그중에서도 2016년 미국 텍사스대학교 엘리자베스 거쇼프 교수의 연구는 체벌이 자녀에게 반사회적 행동과 공격적 성향을 심어줄 가능성이 높다는 결과를 보여줍니다. 이 연구는 장장 50년간의 자료를 분석한 것이라 체벌의 역기능을 부정할 수 없는 연구라고 볼 수 있습니다. 결국, 우리가 체벌을 고민해야 하는 이유는 체벌로 인해 자녀가 가질 수 있는 '폭력의 내면화'입니다. 이러한 내면화는 폭력이 정당한 수단이 될 수 있다는 인식을 심어주는 위험성을 가지고 있습니다. 이것은 체벌을 당하는 자녀가 표면적으로 문제를 드러내지 않는다고 해서 부모가 안심해서는 안 된다는 것을 알려주는 중요한 진리입니다. 그래서 체벌은 어떻게 효과적으로 교육할 것인가에 대한 '지향점'을 찾는 노력이 되어야 할 것입니다.

　체벌에 대한 해답을 김희경 작가의『이상한 정상 가족』이라는 책의 내용으로 대신할까 합니다. 『이상한 정상 가족』이라는 책에는 체벌과 관련된 에피소드가 등장합니다. 우리나라에도 익숙한 『말괄량이 삐삐』의 아동작가 아스트리드 린드그렌이 젊은 시절 어느 여성에게서 들은 이야기인데, 평소 매를 아끼면 아이를 망친다는 믿음이 강했던 젊은 엄마는 어느 날 어린 아들이 말을 듣지 않자 매로 가르치려고 아들에게 회초리를 가져오라고 시켰습니다. 그런데 이 아들은 회초리를 찾으러 나갔다가 한참 만에 울면서 돌아와서는 엄마에게 작은 돌을 내밀며 이렇게 말했습니다.

"회초리로 쓸 만한 나뭇가지를 찾을 수 없었어요. 대신에 이 돌을 저한테 던지세요."

아들은 엄마가 나를 아프게 하길 원하니까 회초리 대신 돌을 사용해도 되리라 생각했고, 천진한 아들의 이 말이 비로소 엄마에게 아이의 눈을 통해 상황을 볼 수 있는 계기가 되었습니다. 자신이 아들에게 한 짓이 무엇인지 깨달은 엄마는 아이를 끌어안고 한참을 같이 울었고, 그 순간 자신이 했던 결심, 앞으로는 절대로 아이를 때리지 않겠다는 서약을 잊지 않기 위해 그녀는 아들이 주워온 '돌'을 잘 보이는 부엌 선반 위에 올려두었다고 합니다. 저는 지금까지의 이야기를 고스란히 후배에게 전달해 주고 제안도 했습니다. 이 글을 읽고 있는 부모님께도 같은 이야기를 해야겠습니다.

"부모님, 죄송하지만 체벌은 끝났습니다."

지금부터 자녀를 위해 마음속 '돌' 하나를 간직하며 아이를 대해주면 어떨까요? 자녀를 움직이는 건 부모의 체벌이 아니라 눈물일지도 모릅니다.

부모의 허락이 만드는
아이의 품행

부모님들이 털어놓는 고충 중에는 "아이가 초등학생 고학년이 되거나 중학생이 되면서 전혀 다른 아이가 된 것처럼 느껴진다"라는 말이 많습니다. 초등학교 때까지만 해도 부모 말을 거스르는 경우가 있기는 했어도 학교생활에는 큰 문제가 없었는데, 중학교에 진학한 뒤부터는 주변 환경도 변하고 학교 규율도 더 엄격해지면서 부모가 받아들이기 쉽지 않은 결과들이 벌어져 걱정이라는 거지요.

부모는 아이들이 성장해가는 아동기와 청소년기에서 '허락'이라는 상황을 자주 마주하게 됩니다. 아이는 아동기가 되면서 본격적으로 표현하는 방법을 터득하게 되고, 청소년기로 거듭 성장하면서 표현에만 그치지 않고 '한번 해보고 싶다'라는 생각에 구체적인 제안을 해오기 시작합니다. 동의할지 모르겠습니다만, 초등학교 고학년 이상의 자녀를 둔 부모라면 지금까지 아이가 제안했던 것들에 대해 수많은 '허락'을 해왔다는 사실을 우리는 알 수 있습니다. 더구나 암묵적으로 동의해준 사소한 '허락'도 꽤 많았을 테고요. 하지만, 과연 우리는 자녀의 '제안'을 두고 얼마나 많이 고민하고, 또 고민하는 모습을 보이며 '허락'과 '거절'을 반복했을까요? 예컨대, 아이가 무엇을 원할 때 부모는 아이에게 '허락'하는 이유를 얼마나 잘 설명해주었는지 또는 거절을 했다면 왜 거절할 수밖에 없는지를 아이의 수준에서 한 번쯤 생각해 보신 적이 있으신지요. 지금의 질문, 그러니까 '허락'이 부모에게 중요한 이유는 바로 아이의 '품행'과 깊은 관련이 있기 때문입니다. '품행(品行)'은 품성과 행실을 아우르는 말이고, 아이가 갖춰야 할 성질과 실제로 드러나는 행동을 의미합니다. 따라서 부모의 '허락'은 아이의 품행에 필요한 자양분과도 같습니다.

코로나가 유행하기 전의 이야기입니다. 아이는 또래 친구들과 축구 시합을 하고 싶은 마음에 엄마에게 "오늘 하루만 학원 숙제 안 하고 학원에 가면 안 돼요?"라고 물었다고 합니다. 아이는 시무룩한 표정을 지으며 매달리다시피 부탁했지만, 엄마가 시큰둥한 반응을 보이자 재차 또래 아이들 사이에서 왕따가 될지 모른다며 흔한 시나리오를 늘어놓습니다. '정말 그럴지도 모른다'라는 불안함에 결국 어머니는 어쩔 수 없이 못 이긴 척 '딱 한 번!'이라는 전제를 달고 흔쾌히 '허락'을 해주었다고 하더군요. 하지만 저는 어머니에게 "부모의 흔쾌한 '허락'이 아이가 가지고 있는 규범을 흔들어 놓았을 수 있다"라는 사실을 꼬집어 말씀드렸습니다. 쉽게 말해, '숙제는 절대 무너뜨릴 수 없는 철옹성이라고 생각했는데, 자신의 딱한 표정만으로도 충분히 무너뜨릴 수 있다'라는 확신을 아이에게 심어준 계기가 되었을 수도 있다고요. 더구나 '허락'으로 받은 자유시간이 달콤하면 달콤할수록 아이는 잘못된 확신을 점점 내면화할 수 있습니다. 게다가 자신의 제안이 받아들여지지 않게 되면 지나친 욕구로 인해 '거짓말'과 '속임수'가 동원될 수 있다는 위험성도 덧붙였지요.

만일 허락을 해야 한다면, 부모는 아이의 숙제가 어느 정도의 분량인지를 확인하고, 숙제를 안 하는 것이 아니라, 축구 대신 학원에 다녀와서라도 못했던 숙제까지 완성할 수 있도록 약속을 끌어내야 합니다. 부모가 이를 확인하는 과정도 중요하고요. 또 만일 허락하지 않겠다면, 아이가 공감할 수 있는 타당한 설명이 뒤따라야 합니다. 특히, 아이의 간곡한 부탁일수록 어머니 혼자 결정하기보다는 아버지와 함께 상의하는 모습을 보여주는 것이 필요하죠. 맞습니다. 저는 지금 '허락하느냐 마느냐'의 결론보다는 '아이의 제안을 대하는 부모의 태도'에 대해 강조하고 있습니다. 아이는 부모가 '허락'하는 절차와 태도를 보면서 자신의 '품행'을 다듬어 갑니다. 다시 말해, 부모가 아이의 제안을 어떻게 대하느냐에 따라 '허락'으로 얻게 된 혜택을 보다 가치 있고, 책임감 있게 사용할 수 있는 방법을 학습하게 되죠.

몇 년 전, 저는 학교에서 품행이 바르지 못해 징계를 받거나 비행을 저지른 아이들을 대상으로 과연 아이들의 비행이 언제부터 시작되었는지를 추적한 적이 있습니다. 그 결과, 아이들은 대부분 중학교에 들어가면서 새로 어울리게 된 또래 아이들을 지목하는 경향이 많았습니다. 특히, 또래 집단에서 살아남기 위해 귀가 시간이 늦어지고, 부모의 통제가 없는 허술한 친구 집을 오가며 경험하게 된 행동들을 비행의 시작점으로 봐도 무방했습니다. 물론, 부모의 무관심에 따라 삐뚤어진 품행과 비행의 속도는 급속도로 빨라졌던 것도 사실입니다.

아이의 '제안'과 부모의 '허락'은 동시성을 가집니다. 또 아이의 성장에서 부모의 공통적인 선택 기로이기도 하죠. 아이가 영아였을 때 부모와 가족에게 시선이 가는 건 당연한 과정입니다. 그러다 신체가 발달하고 인지능력이 향상되면 사물에 관심을 가지게 되지요. 그래서 장난감이나 음식 같은 사물에 대한 제안을 시도합니다. 아이가 학교에 들어가면 이제 부모의 관심보다는 또래 집단에 관심을 가지게 되죠. 그러면서 아이들이 선호하는 행동들을 보고 배우며 우리 자녀도 곧 부모에게 제안을 늘어놓게 됩니다. 그중 대표적인 게 바로 '시간 연장'과 '공간 변화'입니다. 따지고 보면, 자녀의 스마트폰에 대한 부모의 고민은 아이에게 스마트폰을 허락했을 때 부모 태도에서 고민을 시작하는 게 맞을지도 모릅니다. 다시 말해, 아이의 제안에 부모는 지금까지 너무 쉽고 편리하게 허락하지 않았는지 돌아보게 됩니다. 우리는 아이들이 부모의 태도를 보며, 제안의 중요성을 인식한다는 사실을 미처 알지 못했습니다. 아이의 제안을 어떻게 해서든 붙잡고 끈질기게 고민하는 모습을 보여줄 필요가 있다는 뜻이지요. 아이의 생각과는 다르게 부모가 생각보다 제안에 대해 신중하게 고민하는 모습을 보인다면 아이는 자신의 제안이 중요한 사안이라는 걸 인식하게 됩니다. 어차피 허락할 사안이라 하더라도 부모의 끈질긴 태도는 유지되어야 하죠. 결국, 아이는 '부모의 태도'라는 모습을 통해 품행을 쌓고, 인성을 다듬으며, 윤리를 만들어 간다는 사실을 꼭 기억해 줬으면 좋겠습니다.

제 글을 아버지도
읽게 해 주세요

"인생은 모두가 함께하는 여행이다.
매일매일 사는 동안 우리가 할 수 있는 건
최선을 다해 이 멋진 여행을 만끽하는 것이다."

영화 '어바웃 타임(About Time)' 중에서

많은 사람이 인생 영화로 꼽는 '어바웃 타임(About Time)'의 한 대사입니다. 한 편의 영화가 백 권의 책을 대신할 때가 있는 것처럼 고단한 하루가 책으로 채워지지 않을 때 저는 매운 떡볶이와 호가든 한 캔 그리고 영화 '어바웃 타임'을 패키지로 묶어 저 자신에게 선물합니다. 영화 '어바웃 타임'은 우리 부모가 결혼 전이나 갓 결혼해서 한 번쯤 본 적이 있는 '노팅힐(1999)'과 '러브 액츄얼리(2003)'를 연출한 리처드 커

티스 감독의 대표작 중 하나입니다. 상상해보면, 이 영화를 볼 당시 우리는 영화처럼 행복한 삶을 살겠다는 다짐을 했을 것 같습니다. 하지만 모든 일이 영화처럼 마음먹은 대로 되면 얼마나 좋을까요? 그래서 우리는 예상치 못했던 수많은 일에 부딪히고 시행착오를 거쳐 여기까지 온 것 같습니다.

저는 강연장에서 부모를 향해 "여러분들은 왜 부모가 되기로 선택하셨습니까?"라는 질문을 자주 던집니다. 그러면 대부분은 '특별히 부모가 되기로 선택한 적은 없는데 왜 선택했냐'고 물으니 순간 뭐라고 대답해야 할지 몰라 당황하는 표정을 짓습니다. 하지만 잘 생각해 보면 우리는 아마도 우리도 모르게 '부모가 되기를 선택했다'라는 사실을 잊고 있었거나 아니면 처음부터 모른 채 결혼을 선택했을지도 모릅니다. 예를 들어, 우리가 사랑하는 사람과 결혼해야겠다고 마음을 먹었을 때 '결혼을 선택한다'라는 것이 '부모가 되겠다는 것을 선택하는 것'과는 별개라고 여겼을 수 있습니다. 그래서 결혼을 선택한 사실에는 쉽게 동의하면서도 부모가 되기를 선택한 사실에는 모두가 고개를 갸우뚱거릴 수밖에 없습니다. 하지만 분명한 건 우리가 선택해서 부모가 되었고, 우리가 계획해서 자녀를 낳았습니다. 그렇게 품 안에서 애지중지 키웠더니 이제는 좀 컸다고 부모는 뒷전에 두고 친구들만 쫓아다니는 아이가 바로 우리의 자녀입니다.

철학에서는 자식을 키우는 것을 가리켜 '부모의 부재(不

在)를 준비하는 일'에 비유합니다. 또 부모는 자녀에게 길을 내어 주어야 하고 그 일을 대단히 기쁜 마음으로 해야 한다고 가르칩니다. 그런데 이러한 부모의 역할에는 '부모의 균형'이라는 중요한 요소가 하나 존재합니다. 이 말은 가정에서 아버지, 어머니가 부모의 역할을 균형 있게 해나가야 한다는 것을 의미합니다. 하지만 우리는 과연 그러한 균형을 갖춘 부모인지 생각해 볼 필요가 있습니다. 시간만큼 민주적인 것은 없습니다. 우리는 똑같이 하루 1,440분, 1시간에 60분씩을 공평하게 사용하지만 안타깝게도 부모는 이구동성으로 할 일은 많고 하루는 너무 짧다며 하소연합니다. 특히, 백색 가전 제품과 바뀐 근로 제도는 부모의 삶에 더욱더 많은 시간을 선물해 주었고, 통계상 아버지의 여유시간이 과거보다 3배나 늘었는데도 불구하고 정작 아버지는 시간이 없다고 불평합니다. 지금껏 아버지를 모아 교육하고 싶어도 먹고사는 일 때문에 강연장에 올 수 없다는 말에 하지 못했습니다. 또 책을 써서 보여드리고자 했는데 대한민국 독서율이 OECD 국가 중 최하위인 탓에 그마저도 설득력이 없어졌습니다.

그런데 더 큰 문제는 자녀에게 문제가 생겼을 때 달려와 철퍼덕 주저앉았던 사람은 항상 어머니였고, 사안이 심각해 아버지에게 연락이라도 할라치면 어머니는 단호하게 혼자 감당하길 원하더라는 것입니다. 그래서 저는 '유령 가정'이라는 새로운 가족 용어를 떠올려 봤습니다. 여기서 '유령 가정'이란 가족 상담학에서 말하는 학문용어가 아니라 아버지가 존재하지만, 아버지의 기능이 사라져버린 이 시대의 비정상 가정을 꼬집는 말입니다. 위기를 겪는 아이들의 사례를 보면, 공교롭게도 대부분이 아버지의 기능을 상실한 '유령 가정'이 많습니다. 물론 아이 문제의 원인이 아버지에게만 있다고 말할 수 없지만, 중요한 것은 부모가 가정에서 균형을 갖추지 못하면 자녀 또한 균형을 잃어버릴 수 있다는 진리입니다. 그렇다고 대한민국 아버지들이 자녀에게 관심이 전혀 없냐 하면 그렇지도 않습니다. 우리 사회에 아직도 남아 있는 뒤처진 옛 버전 시스템과 우리의 시간을 해체해버린 디지털 사회구조도 원인일 수 있습니다. 게다가 저는 강연장에 오지 못하는 아버지들을 직접 찾아가 땀내 나는 공장 한가운데에서 눈시울을 붉히는 아버지들의 눈을 보며 강연한 경험이 있고, 특히 강연을 마치고 나서 쏟아내는 특유의 무뚝뚝한 질문 세례는 그 자체만으로도 진심을 알기에 충분했습니다. 그래서 저는 아버지가 억울해하면 적극적으로 동의하게 됩니다.

제 글은 우리 자녀를 이해하고 소통할 수 있는 해법을 담고 있습니다. 그래서 지금까지 아무런 손도 쓰지 못한 채 그저 자녀 안으로 어떻게든 들어갈 타이밍만 노리고 있는 이 시대의 아버지들에게 제 글을 활용해 보면 어떨까 하는 생각을 했습니다. 저는 작은 글이 아버지의 변화를 끌어낼 수 있다고 믿습니다. 더구나 아버지 입장에서 보면, 더 이상의 '밥상머리' 교육은 불가능해 보이고, 거실에 떡하니 걸려있던 '가훈'은 행적이 묘연해진 데다 퇴근길에 그나마 아비의 마음을 전할 수 있었던 '붕어빵'은 이제 '붕세권(붕어빵 파는 권역)'이라는 신개념 지도를 찾아봐야 살 수 있으니 아버지로서는 달리 써먹을 수 있는 '비언어적 소통'이 사라진 셈입니다. 그래서 이 글이 아버지의 등장을 끌어내는 시작점이 되었으면 좋겠습니다. 우리가 흔히 알고 있는 "엄마, 아빠도 처음이라서 그래"라는 어느 부모의 글 또한 모든 부모의 마음을 움직인 것처럼 글보다는 가족의 노력이 아버지를 움직일 거라 저는 믿습니다. 터무니없게도 저는 요즘 다 자란 아이들을 다시 한번 키워봤으면 좋겠다는 생각을 자주 합니다. 아버지로서 알아야 할 것을 알지 못했고, 소중한 시기에 소중한 것을 외면한 탓을 지울 수가 없기 때문입니다.

이제 우리가 해야 할 것은 명확해졌습니다. 영화 '어바웃 타임'처럼 과거를 현재로는 바꿀 수 없지만 대신 자녀를 위해 현재를 미래로 바꿀 수는 있다는 희망을 기억하는 것입니다. 이 글을 통해 저처럼 지난날을 아쉬워하는 아버지가 없기를 희망합니다.

아이들에게 집밥과
급식이 중요한 이유

주말 저녁에 모처럼 가족이 다 같이 모여 식사하는데, 자녀의 친한 친구가 불쑥 집에 방문한다면 부모 입장에서 어떤 대응을 하시나요? 아마 열에 여덟아홉은 아이 친구에게 밥부터 먹었냐고 물어볼 거고, 아이의 대답과는 상관없이 아이를 식탁에 앉히고 서둘러 국과 밥을 내와 밥 한 숟갈 뜨게 할 겁니다. 많은 부모님이 왜 그렇게 해야 하는지는 딱히 잘 설명할 순 없지만, 우리 집에 놀러 온 친구라면 당연히 그렇게 해야 한다고 믿고 있죠. 얼마 전, 인터넷 공간에서 '집에 방문한 자녀 친구에게 밥을 줘야 하는지'에 관한 주제가 큰 화젯거리가 되었습니다. 일명 '스웨덴 밈', '스웨덴 게이트'라고 불리는 이 사건은 미국의 '레딧(Reddit)'이라는 한 커뮤니티에서 한 관리자가 게시판에 "다른 집에 놀러 가서 겪은 문화·종교적 차이 때문에 충격받은 경험을 이야기해 보자"라는 글에서 시작됐고, 이어서 첫 댓글을 단 한 누리꾼이 "어릴 때 스웨덴 친구 집에 놀러 갔다가 친구 가족이 저녁 식사하는 동안 자기는 친구 방에서 배고픈 채 기다려야만 했다"라고 해 화제가 됐죠.

인터넷 공간에서 어떤 사건이 화제가 되는 데는 '첫 댓글의 법칙'이라는 게 있습니다. 첫 댓글이 어떻게 달리느냐에 따라서 글의 확산 속도가 결정된다는 뜻이죠. 이번 사건에서도 '스웨덴의 독특한 식사 문화'는 전 세계 누리꾼들에게 놀라움을 주기에 충분했고, 댓글 창에는 하나같이 "우리나라는 자녀 친구에게 밥을 준다"라는 글들이 줄지어 달렸습니다. 심지어 멕시코 국적으로 보이는 한 누리꾼은 "만일 친구가 집에 놀러 와서 가족과 같이 밥을 먹지 않으면 그 친구는 행운을 빌어야 할지도 모른다"라는 글을 남기기도 했습니다. 또 한 누리꾼은 '밥 안 주는 국가 지도'까지 올렸더군요. 결국, 재미를 기대했던 한 관리자의 질문이 문화 혐오로 번지면서 스웨덴을 '자녀 친구에게 밥도 안 주는 인정머리 없는 국가'로 만들었고, 뒤늦게 주한 스웨덴 대사가 소셜미디어를 통해 해명하긴 했지만, 논란을 잠재우기는 역부족이었습니다.

이처럼 아이들에게 '밥'은 20년 전의 기억이 되살아날 만큼 중요합니다. 특히 전문가들은 성장기에 있는 아이들에게 '밥'은 곧 '발달과 웰빙의 필수조건'이라고 말하기도 합니다. 아이들은 배가 고프면 모든 게 엉망이 된다는 뜻이겠죠. 또, 아이에게 '밥'은 학업 성취도는 물론이고 안전과도 밀접한 관련이 있다고 말합니다. 실제 해외 연구에서도 아이가 아침 식사를 하고 안 하고에 따라서 학업 성취도가 달라진다는 연구가 있고, 삼시 세끼 잘 먹는 아이가 그렇지 못한 아이보다 학교폭력이나 범죄 피해를 당할 확률이 적다는 연구 결과도 있습니다. 게다가 아이들의 식사가 또래 집단의 활동에도 큰 영향을 미친다는 연구도 있죠. 다시 말해, 아이들에게 '밥'은 '끼니' 이상의 가치를 가진다는 의미입니다.

저 또한 10년간 아이들과 '밥팅'이라는 활동을 하면서, 아이들에게 '밥'이 얼마나 중요한지를 알 수 있었습니다. 소위 위기를 겪는 아이들은 주로 어떤 밥을 좋아할까요? 한번 예측해 보셨으면 좋겠습니다. 그러니까 아이들에게 "밥 먹으러 가자!"라고 하면 아이들은 뭘 먹자고 할지 한번 생각해 보는 거죠. 많은 어른들은 아이들이 피자나 치킨 또는 햄버거나 분식 같은 음식을 좋아할 것 같다고 말하지만, 실제는 좀 다릅니다. 위기 상황에 놓인 아이들은 '집밥'처럼 밑반찬이 잘 차려진 밥상을 좋아합니다. 여기에 얼큰한 국과 따뜻한 밥이 더해지면 아무리 부끄럼을 많이 타는 아이라도 당장 표정이 바뀌고 말도 곧잘 하죠. 일단, 아이들이 말을 잘하니 교육도 수월합니다.

최근에는 '집밥' 못지않게 학교 '급식'도 주목받고 있습니다. 특히, 국내보다 해외 연구에서 먼저 학교 급식과 학업 성취도의 연관성이 자주 보고되기도 했죠. 학교 급식의 경험에 따라 아이들의 학습효과와 품행에 영향을 준다는 연구들이 꽤 많습니다. 교육학에서는 학교 교육이 아이들의 진로 성취를 이끌고 사회 가치를 실현하는 걸 돕는다고 본다면, 심리학에서는 또래 관계 경험을 통해 정체성을 기르고 나아가 사회 자본을 만드는 걸 돕는다고 보고 있죠. 하지만 사회학에서는 학교 급식이 아이들의 교육과 심리효과를 향상하는 중요한 매개 역할로 보고 있습니다. 실제 학교 현장도 다르지 않습니다. 대체로 학교 급식이 맛있고 푸짐할수록 '학교폭력 피해 경험률'이 적게 나오는 걸 알 수 있습니다. 거기다 학교 급식이 아이들의 학업 성취도와 품행에도 직접적인 영향을 준다는 걸 확인할 수 있었죠. 하지만 최근 들어 언론을 통해 '급식 사고' 뉴스가 연일 전해져 마음이 편치 않습니다. 동요에서나 나올 법한 '개구리 반찬'이 아이들의 급식판에 등장하고, 한창 뛰어놀 나이에 부실한 급식을 먹게 되면 아이들은 곧장 집에 가서 부모에게 라면을 끓여달라고 조를 수밖에 없죠. 아이에게 급식이 부실했던 하루는 단순히 점심이 별로였던 날이 아니라 학교생활이 '엉망'이었다는 걸 의미합니다. 어쨌든 아이가 갑자기 짜증을 부리고 욱하는 행동을 보이면 일단, 아이들의 신진대사에 주목하고 '밥'에 관심을 가질 필요가 있습니다. 부모와 학교는 당장 아이의 체력에 문제가 생겼다는 걸 감지해야 합니다.

학부모 강연에서 자주 듣는 질문 중 하나가 바로 '아이의 학습과 안전'에 관한 주제입니다. 그럼 저는 주저 없이 부모님에게 "아이의 집밥이 부실하지 않도록 챙겨주시고 특히, 아이가 밥을 다 먹을 때까지 절대 일어나지 마세요"라고 부탁합니다. 그 약속만 지키면 아이는 학업과 또래 관계가 나아질 거라고 말이죠. 학교도 마찬가지입니다. 시도교육청 강연에서 장학사들에게도 '학교 급식'을 꼭 챙겨달라고 부탁합니다. 그러면서 무상 급식 제도는 근본적으로 보건의 대안이 아니라 교육의 대안이라고 강조하죠. 초등학교 6학년 아이들과 중학교 3학년 아이들이 상급학교를 선택할 때 급식을 따지는 이유가 단순히 재미만은 아니라는 걸 기억할 필요가 있습니다.

부모 입장에서는 "아이 밥을 챙기는 게 뭐가 그리 대수야?"라고 할 수 있지만, 아이가 집에서 밥 먹는 모습을 보면 쉽게 알 수 있습니다. 부모가 밥만 차려주고 출근 준비한다면서 자리를 비우면 식당과 다를 바 없겠죠. 아이와의 식사에는 명확한 표준이 있어야 합니다. 그 표준은 바로 아이의 밥은 함부로 해서는 안 되는 거고 특히, 아이가 혼자 밥을 먹지 않도록 해야 한다는 거죠. 또, 아이가 밥 먹을 때 스마트폰을 보는 건, 부모가 자리를 비웠거나 부모와 딱히 할 말이 없다는 뜻일 수도 있어서 주의해야 합니다. 부모가 아이 밥을 챙긴다는 건, 아이와 부모가 식사를 통해 대화를 나누고 마음을 확인하는 '애착 과정'이라는 사실을 잊지 않았으면 좋겠습니다. 학교 급식 또한 학교가 아이들을 위해 얼마나 애착이 있는지를 보여주는 대목이라는 것도 말이죠. 아이의 학습과 안전은 아이의 '밥'에서 출발한다는 걸 꼭 기억해 주세요.

부모를 위한
추천 영화

신학기가 되면 새내기 학부모님이나 그렇지 않은 학부모님이나 새로운 학교와 학급에서 아이가 잘 적응할 수 있을지 걱정이 앞섭니다. 저는 오래전부터 "한 편의 영화가 백 권의 책을 대신한다"라고 주장하는데요. 이번 글에서는 청소년 자녀를 키우는 부모님들에게 영화를 몇 편 추천해 볼까 합니다.

첫 번째 작품은 자녀를 둔 부모라면 무슨 수를 써서라도 꼭 봐야 하는 영화, '인사이드 아웃(Inside Out, 2015)'입니다. 영화 '소울' 제작팀이 만든 영화이기도 하죠. 흔히, 부모님들은 애니메이션 영화라고 하면, 무턱대고 선입견을 품는 경향이 있습니다. 만화가 주는 이미지 때문에 부모가 원하는 전달물질이 넉넉하지 않을 거라 예단하는 경우가 많습니다. 부모 시절

애니메이션은 대개 그랬으니까요. 하지만 이 영화는 보통의 애니메이션과는 달리 부모의 편견을 유쾌하게 돌려세우는 힘을 가지고 있습니다. 영화는 어린 자녀가 성장해가는 과정을 통해 아이의 행동과 머릿속 심리작용을 번갈아 보여주는 방식을 취하고 있습니다. 특히, 아이가 가진 주요 감정을 '기쁨이, 슬픔이, 버럭이, 까칠이, 소심이'라는 캐릭터로 의인화해 아이의 행동을 긴박하게 조정하고 결정하는 모습을 보여주죠. '아이가 왜 들쭉날쭉한 감정을 가지는지'에 대한 심리학 영역을 영화는 유쾌하게 보여주며 감동까지 전달하고 있습니다. 영화를 보신 부모님 대부분은 마치 어려운 전문 서적 수십 권을 재밌게 읽은 느낌이라고 합니다. 특히, 영화 중간에 아이가 동심을 상징하는 '빙봉'을 떠나보내는 장면에서는 눈물을 보이는 부모님들도 많았죠. 그만큼 이 영화는 아이를 이해하는 영화이자 동시에 부모의 어릴 적 모습을 관람할 수 있는 영화이기도 합니다. 이 영화는 되도록 부모 두 분이 꼭 함께 보셨으면 좋겠습니다.

두 번째 작품은 초등학생 여자아이를 둔 부모라면 꼭 봐야 하는 영화, '우리들(2016)'입니다. 영화 '우리들'은 국내 작품으로 초등학생 여자아이의 성장통을 섬세하게 그리고 있습니다. 부모는 이 영화를 통해 초등학생 여자아이들의 '또래 집단'을 구경할 수 있고, 집단 안에서 일어나는 '왕따' 그러니까 아이가 아이를 어떻게 따돌리는지, 또래 아이들의 보이지 않는 위계와 방식도 목격할 수 있죠. 특히, 주인공 아이가 전학 온 아이와 친구가 되어가는 과정에서는 아이들이 어떻게 결합하고 이탈하는지를 쉽게 알 수 있습니다. 이 영화는 부모가 아이에게 놓쳤던 작은 부분까지 빼놓지 않고 보여주고 있어 부모님들이 보신다면, 아이와 보내는 일상을 돌아보는 시간도 가질 수 있습니다. 영화는 초등학생 아이답게 화려한 이야기를 담고 있지는 않지만, 대신 그동안 몹시 궁금했던 아이의 일상을 부모가 마치 앵글 뒤에서 미행하듯 따라가는 느낌이 들 수 있어 생각보다 몰입도가 높은 영화입니다.

마지막으로 추천해 드릴 영화는 '벌새(2018)'입니다. 아마도 이 영화는 방송 매체와 소셜미디어에서 숱하게 화제가 된 영화라 제목이 익숙한 분들도 많을 겁니다. 영화 완성도가 높다는 평가를 받아 해외 영화제에서도 많은 상을 휩쓸기도 했죠. 그야말로 영화는 소문난 잔치답게 먹을 것도 많은 영화라고 보시면 됩니다. 일단, 이 영화를 본 어머님들은 하나같이 "나도 저랬지"라는 말을 중얼거리게 만드는 영화입니다. 영화는 사춘기에 접어든 중학생 여자아이가 세상을 향해 느끼는 불안과 관계 상실에서 오는 두려움 그리고 아이가 일상에서 겪는 시행착오 등을 압축해서 보여주고 있죠. 그래서 영화는 주인공 여자아이가 사춘기 과정에서 발버둥치는 모습을 빗대어 1초에 60번 날갯짓하는 '벌새'에 비유하고 있습니다. 무엇보다 이 영화가 부모님들에게 편안한 이유는 시대적 배경이 1994년이기 때문입니다. 영화 속 학교와 동네 풍경이 낯설지 않고, 주인공이 입고 나온 교복은 지금이라도 입고 싶게 만듭니다. 어쩌면, 영화는 중학생 여자아이를 향하고 있지만, 영화의 의도는 부모를 지목하고 있는 게 분명합니다. 다른 영화도 마찬가지지만 특히, 이 영화는 온 가족이 꼭 함께 봤으면 좋겠습니다.

　이 외에도 추천해드리고 싶은 영화는 많습니다만, 본디 숙제가 많으면 시작부터 한숨이 나오기 마련이지요. 개학을 맞은 부모님들의 마음이 온전치 못하다는 걸 누구보다 공감합니다. 아마 새내기 학부모님들은 더하실 겁니다. 개학 분위기가 궁금해 연구원 근처 초등학교를 찾았더니 부모님의 손을 잡고 집으로 가는 아이들이 많더군요. 특히, 새내기 학부모님들이 아이에게 던지는 질문은 크게 다르지 않았습니다. "어때? 학교 좋지? 싫지 않지?"라는 질문에서 아마도 개학을 앞둔 전날까지 학교에 안 가겠다는 아이의 시위가 그려졌습니다.

　아이가 학교에 들어갔다는 건, 어쩌면 아이의 '학창 시절'이 시작되었다는 의미이기도 하지만, 한편으로는 부모의 '학부모 시절'이 시작되었다는 걸 의미하기도 합니다. 아이는 이제 '학창 시절'이라는 길고 긴 여정을 출발한 셈입니다. 이럴 때 부모는 아이의 안내자가 돼줘야 하는 건 당연하죠. 부모가 아이를 걱정하고 불안해하는 모습은 아이에게 도움이 되지 않습니다. 그보다 부모님의 단단한 자신감을 아이에게 심어주는 게 더 중요할 수 있죠. 그러니 시작부터 너무 긴장하지 않았으면 좋겠습니다. 아이 곁에는 부모뿐 아니라 따뜻한 마음을 가진 선생님과 경찰관이 함께 있다는 걸 기억해줬으면 좋겠습니다. 무엇보다 아이는 부모님이 생각하는 것보다 훨씬 더 잘 해낼 겁니다.

아이에게는 할아버지,
할머니가 필요합니다

한 어머니로부터 문자를 받았습니다. 지난해 제게 메일을 보내 상담을 요청했던 분이었지요. 어머니로부터 가족사를 들었을 때는 해결이 참 만만치 않겠다는 생각이 들었습니다. 일하는 어머니, 또 일 때문에 주말에 올라오는 아버지. 그리고 입시 준비에 한창인 고등학생 누나 사이에서 중학생 아들은 홀로 사춘기와 맞서고 있었습니다. 급기야 아이가 단순 가출까지 해서 부모님의 고민이 이만저만이 아니었죠. 결국, 아이를 위해 아버지에게 도움을 요청할 수밖에 없었고, 아버지의 직장 문제를 해결하고서야 실마리를 찾을 수 있었습니다. 상담 전까지 아버지는 주말에 아비 노릇을 하면 된다고 하셨지만 저는 월요일부터 금요일까지 아이가 학습할 나쁜 수업을 두고 볼 수 없

었습니다. 아버지가 주말에 온다고 한들 아들이 주중 시간에 학습하는 양을 감당할 수 있을 거라 확신할 수 없었죠. 다행히도 아이의 아버지는 제 말에 귀를 기울여 주셨고, 쉽지 않은 결정이었지만 근무지를 바꿀 때까지 주중에 할아버지가 도와주시기로 하고, 본인도 수요일에는 집에 방문하는 방편으로 아들의 문제를 봉합할 수 있었습니다. 그러고서 다가온 어버이날에 어머니께서 아들에게 카네이션을 받았다며 제게 자랑하시더군요. 얼마나 좋았을까요? 아버지와 어머니는 카네이션을 받고서 고맙게도 제가 생각났다고 했습니다.

공교롭게도 모든 부모는 저마다 다른 특정한 지점에서 자녀의 달라진 사고와 행동을 마주하는 순간을 맞게 됩니다. 이 순간을 겪지 않는 부모는 없지요. 달라진 자녀 때문에 결과에 초점을 맞춰 해답을 풀려니 대안이 쉽지 않고, 원인을 추적하자니 시간대를 짚어 가는 것 또한 쉽지 않아 결국, 현재를 마주하고 아이와 맞서는 바람에 문제가 더 악화하는 경우가 많습니다. 이럴 때, 부모와 자식 간의 마음을 읽을 수 있는 '어버이날' 같은 기념일은 큰 도움이 됩니다. 특히, 어린이날과 어버이날은 부모와 자식 간 마음을 고스란히 확인할 수 있는 고마운 날이기도 하죠. 선물의 부피나 꽃의 모양이 중요한 건 아닐 겁니다. 그보다 더 중요한 건, 표현에서 느낄 수 있는 자녀의 마음을 엿볼 기회이지요. 선물이 가치 있는 이유는 선물이라는 결과보다 그 선물을 생각하고 고르는 과정에서 보이는 마음이 있기 때문이라는 건 우리 모두가 너무 잘 알고 있습니다.

　부모는 부모로서 자녀를 살피기도 해야 하지만 자신의 부모를 살피는 일도 자녀에게는 좋은 교육이 될 수 있습니다. 아이들의 비행과 범죄를 나타내는 통계 속에는 부모가 차지하는 역할뿐 아니라 부모가 할아버지, 할머니에게 보이는 모습 또한 큰 영향을 준다는 연구 결과도 있습니다. 다시 말해, 우리는 부모지만 자녀이기도 하다는 걸 잊어서는 안 되죠. 그리고 부모가 부모에게 보여주는 행동은 자녀가 부모를 따르는 도덕적인 방편일 수 있다는 것도 기억해야 합니다. 쉽게 말해, 부모가 부모에게 보이는 행동이 자녀에게는 도덕성은 물론 내구성을 길러주는 중요한 학습일 수 있다는 것도 잊지 않았으면 좋겠습니다.

　저는 3년 전, 『내 새끼 때문에 고민입니다만,』이라는 책을 출간하고 전국에 있는 유명 서점에서 북콘서트를 진행한 적이 있습니다. 덕분에 많은 부모님을 만날 수 있었고, 그야말로 책에 발이 달렸다는 걸 실감할 수 있었습니다. 특히, 한 북콘서트장에서 만난 노부부와의 만남은 지금도 잊을 수 없는 감동으로 남아 있습니다. 보통 학부모를 위한 강연장에서 노부부를 만나는 건 흔한 일은 아니죠. 어쩌면 아주 특별한 일이기도 합니다. 당시 노부부께서는 "손주들하고 소통하고 싶어 나이가 일흔인데도 불구하고 직접 강연장을 찾았다"라고 하시더군요. 그러면서 손주에 대한 애정 때문에 제 앞에서 눈물을 보이시기도 했습니다. 노부부의 행동은 제게 큰 울림을 주었습니다. 부모는 자녀 때문에 많은 고민을 안고 살아가면서도 정작 정상적인 가족의 형태를 부모와 자식으로만 찾으려고 했던 건 아닌지 가족이라는 개념을 통찰하게 만드는 순간이기도 했지요. 다시 말해, 자녀 안전을 위해 부모와 자녀 관계도 중요하지만, 그보다 더 중요한 건 자녀와 할아버지, 할머니와의 관계도 자녀 안전에 매우 중요한 역할을 할 수 있다는 걸 발견하는 계기가 되기도 했습니다.

영화 '미나리'에서 윤여정 배우의 할머니 연기는 우리에게 가족의 구성을 재인식시키는 기회를 주기도 했습니다. 영화에서 심장 질환을 앓는 아들 데이빗이 할머니를 골탕 먹이기 위해 약사발에 오줌을 담아 할머니를 먹게 해서 회초리를 맞는 장면이 나옵니다. 아들의 훈육을 위해 아버지 제이콥은 어린 아들에게 직접 나가서 회초리를 가져오라고 호통쳤고, 아들은 자신을 때릴 회초리를 생각하며 회초리의 두께를 고르고 고르다 결국 버들강아지 잎줄기를 가져와서 부모에게 내밀지요. 그 순간 할머니가 끼어들어 아이에게 "내 새끼 천재다"라며 아이를 끌어안고 밖으로 데려나가는 장면은 할머니가 아이에게 어떤 면적을 차지하는지 고스란히 보여주는 대목이었습니다. 가족이라는 울타리 안에서 할머니가 손주에게 차지하는 면적이 작지 않다는 걸 일깨워주는 장면이기도 했죠. 또한 극 중에서 할머니의 행동이 수용 가능했던 건 어쩌면 부모가 할머니를 존경하고 인정하는 태도가 밑바탕에 깔려있기 때문이라는 점도 배울 수 있었습니다.

많은 부모님이 아이가 안전할 수 있는 최고의 방책은 무엇이냐고 묻곤 합니다. 그러면 저는 주저 없이 아이의 '내구성'을 끄집어내지요. 아이에게 문제가 생기거나 위험한 순간이 오더라도 내구성이 강한 아이는 슬기롭게 견디는 힘을 보여줍니다. 그리고 견디는 것에 그치지 않고 안전하게 극복하는 탄력성까지 보여주죠. 그렇다면 아이의 내구성은 어떻게 만들어질까요? 맞습니다. 아이를 단단하게 만드는 건 결국, 부모의 사랑입니다. 여기에 할아버지, 할머니의 사랑이 더해지면 더 단단해지죠. 그뿐인가요? 고모와 이모, 삼촌의 사랑까지 더해지면 아이의 내구성은 이루 말할 수가 없습니다.

5월은 흔히 가정의 달이라고 부릅니다. 여기서 '가정'이란 부모와 자녀만 존재하는 규모를 말하는 건 아닙니다. 어쩌면 자녀는 부모가 할아버지, 할머니를 대하는 모습에서 자신의 역할을 찾을 수도 있습니다. 이번 글을 통해 우리 자녀에게 할아버지, 할머니가 필요한 이유를 생각해 보고, 나아가 자녀의 안전을 지킬 수 있는 단단한 가족이란 무엇인지 함께 고민해보는 시간이 되었으면 좋겠습니다.

부모를 위한 드라마
'소년심판'

며칠 전, 한 지역 맘 카페를 운영하는 어머니와 대화를 나눴는데, '소년심판' 드라마 이야기를 꺼내시더군요. 어머니는 회차마다 전개되는 에피소드 내용보다는 그동안 몰랐던 아이들의 비행 환경에 관한 이야기를 하소연하듯 쏟아내셨습니다. 그동안 소년범죄에 대해서 몰라도 너무 몰랐다는 거죠. 그러면서 '소년심판' 드라마를 통해 대다수 소년범죄를 다시 생각하게 되었다고도 했습니다. 특히 한 어머니는 게시판에 "온 가족이 드라마를 정주행하고 촉법소년 폐지에 대해 투표도 했다"라는 글까지 올렸다고 해서 웃음이 나왔습니다.

저는 평소 "미디어가 우리 사회의 이미지를 만든다"라는 말을 믿는 편입니다. 그만큼 드라마의 파급력이 대단하다는 뜻이기도 하고, 반대로 미디어의 잘못된 메시지는 사회를 혼란으로 몰고 갈 가능성도 크다는 뜻이죠. 이번 '소년심판' 드라마가 방영되었을 때도 마음을 졸였습니다. 무엇보다 "드라마는 재미있어야 한다"라는 편견 때문에 자칫 아이들의 폭력을 과장하거나 왜곡하지는 않을지 걱정이 되었거든요. 무엇보다 드라마가 재미를 쫓다 보면 흔히 핵심을 비껴가는 경우를 많이 봐서 그런지 이번 드라마가 시청자들에게 범죄소년에 대한 혐오만 더 조장하는 건 아닐지 걱정될 수밖에 없었죠. 다행히 '소년심판' 드라마는 우리에게 사회적 관심과 제도적인 장치가 더 시급하다는 메시지를 충분히 주었다고 생각합니다. 그래서 시즌 2가 더 기대되고요.

'소년심판' 드라마를 좀 더 이해하고 나아가 우리 아이들의 안전을 위해 소년범죄와 촉법소년 문제를 조금 더 이야기해 볼까 합니다. 일단, 소년범죄의 문제가 한 아이의 개인 문제가 아니라는 건 충분히 공감하실 겁니다. 우리는 아이가 소년에서 성인으로 성장하는 과정에서 다양한 문제들로 인해 아이의 생각과 행동이 왜곡된다는 걸 짐작할 수 있죠. 그래서 아이에게 가정 환경과 학습 환경 그리고 교우 환경이 아이의 성장에 중요한 역할을 한다는 사실도 알고 있습니다. 하지만 무엇보다 촉법소년 문제와 관련하여 우리 부모가 진지하게 고민해야 할 건, 소년범죄를 당한 '피해자'에게 주목해야 한다는 사실입니다. 그러니까 촉법소년 사건이 전 국민에게 공분을 사는 이유는 바로 피해자에 대한 '진정한 사과'가 없기 때문이죠. 이건 피해자에게는 말로 표현할 수 없는 억울함일 수 있습니다. 범행을 저지른 아이들에게서 반성하는 모습조차 찾아보기 힘들다 보니 우리는 당연히 화가 날 수밖에 없고요. 맞습니다. 지금의 촉법소년과 소년범죄의 문제는 바로 '피해자의 회복'이 보장되지 않는다는 게 주요 핵심입니다.

또 촉법소년과 소년범죄는 아이들의 나이를 낮춘다고 해서 해결될 수 있는 문제가 아닙니다. 나이를 낮춘다고 하더라도 어디로 튈지 모르는 아이들의 행동을 고려하면 오히려 증가할 가능성도 있죠. 이 사실은 이미 수많은 국내·외 연구에서도 검증이 된 바 있습니다. 형량을 높인다고 해서 범죄가 줄어들지는 않는다는 뜻이죠. 소년범죄는 '재범'을 관리하는 수준에서 해법을 고민해야 합니다. 아이들은 미숙한 성장기를 보내는 특성이 있어 누구나 한 번쯤 실수하게 마련입니다. 하지만 실수를 하고 다시는 그런 일을 하지 못하도록 교육하고 관심을 가지면 아이들의 범죄는 충분히 막을 수 있죠. 하지만 아쉽게도 소년범죄의 관리 시스템이 그리 단단하지 못한 것은 우리가 비판적으로 바라봐야 할 부분입니다. 아이가 범죄를 저지르고 보호처분을 받게 되면 아이를 관리하는 보호관찰관이 지정되지만, 이 보호관찰관 한 명이 100명이 넘는 아이들을 관리하고 있어 제대로 된 재범 관리가 이루어지지 않는다는 게 소년범죄의 근본적인 문제일 수 있습니다.

몇 년 전, 경찰서에서 근무할 당시 저는 위기를 겪는 아이들과 자주 밥을 먹곤 했습니다. 그래서 아이들 사이에서 한때 '밥팅'하는 경찰관으로 유명했죠. 하지만 경찰관인 제가 그 아이들과 밥을 먹는다고 해서 그 아이들이 범죄를 저지르지 않을 거라는 확신은 가질 수 없었습니다. 왜냐하면 아이들은 우리가 평범하게 가진 것들을 갖지 못한 채 살아가니까요. 하루는 경찰서 수사팀에서 전날 함께 밥을 먹었던 아이가 절도죄로 체포된 일이 있었습니다. 아이를 만나자마자 저는 야단보다는 "조금만 더 참지…"라고 말했죠. 이미 아이는 저를 보고 후회하는 모습이 역력했기 때문에 다른 말이 필요치 않았습니다. 그런데 얼마 후 아이의 아버지가 경찰서를 찾아와 순식간에 아이를 일으켜 뺨을 때리더군요. 그러면서 아이의 아버지는 저를 향해 "이 새끼 감방에 처넣어 주세요. 내가 이 자식 때문에 1년 동안 신경 쓰느라 일도 못 하고 이리저리 끌려다닌 걸 생각하면 아주 미칠 지경입니다"라고 했습니다. 저는 아버지의 말이 끝나자마자 저도 모르게 아버지의 멱살을 잡고서 "당신, 아버지 맞아? 아버지라는 사람이 어떻게 자식새끼를 돌보는 게 고작 1년이라고 말할 수 있어? 자식새끼는 1년이 아니라 평생을 신경 써야 한다고!"라고 말해 사무실이 아수라장이 되기도 했습니다.

잠시 후 아버지는 저를 감사실에 고발하는 대신 달콤한 밀크커피 한 잔을 건네더군요. 그러면서 제 앞에서 눈물을 쏟아내며 울기 시작했습니다. 저는 마침 사무실에서 나오는 아이를 불러 아버지의 눈물을 볼 수 있도록 해줬습니다. 그러면서 아이에게 "아버지의 눈물이 진짜다. 헷갈리지 마"라고 말해줬죠. 조사를 마치고 경찰서를 나서는 아버지에게 저는 "아이를 절대 때리시면 안 됩니다"라고 말했더니 아버지도 제게 "성질 좀 죽이세요"라고 말하더군요. 그때 그 아이는 지금 꽤 건실한 중소기업에서 일하고 있습니다. 자주 연락이 오냐고요? 그럴 리가요. 1년에 한 번 연락 올까 말까 하죠. 하지만 서운하지는 않습니다. 원래 아이들은 그런 법이니까요.

　'소년심판' 드라마에서 주인공 심은석 판사(김혜수 역)는 "아이들은 범죄를 저지르지 않아. 물드는 거지"라고 말합니다. 어쩌면 소년범죄와 촉법소년의 핵심은 결국 "아이들이 변할 수 있을까?"라는 질문에 우리 사회가 답을 찾는 과정일 수 있습니다. 하지만 분명하게 말할 수 있는 건, 아이들은 "충분히 변할 수 있다"라는 사실이죠. 솔직히 청소년 문제를 걱정하는 저는 그 신념을 놓아 버리면 우리는 지금보다 더 큰 문제를 떠안아야 할지도 모른다고 생각합니다. 결국, 우리 아이의 안전과도 연결되는 대목이고요. '소년심판' 드라마는 아이들이 범죄에 물들지 못하도록 많은 사람이 노력해 달라는 메시지를 담고 있는 것처럼 보입니다. 이번 글을 통해 많은 부모님이 '소년심판' 드라마를 봤으면 좋겠습니다. 또, 범죄에 물드는 아이들을 지키기 위해 부모로서 어떤 역할이 필요한지도 고민하는 시간이 되었으면 좋겠습니다. 특히 소년범죄로 인해 고통을 안고

살아가는 많은 피해자와 가족들을 위해 따뜻한 마음의 위로도
꼭 부탁드립니다.

아이를 방에서
나오게 하는 방법

초여름 즈음부터 부모 상담 주제를 가득 메우는 건, 다름 아닌 아이들의 '여름방학'과 '방콕'입니다. 그러니까 여름방학인데 아이들이 방에서 나올 생각을 안 한다는 거죠. 방학 때문에 아이와 전쟁을 치르지 않는 부모가 있을까요? 만약 있다면 믿기도 힘들겠지만, 그래도 있다면 그분은 아마 전생에 나라를 구해도 여러 번 구하신 게 분명합니다. 코로나 때문에 아이와 소리 없는 전쟁을 치르고 있다는 건 새삼스러운 일은 아니죠. 코로나로 인한 돌봄과 교육의 공백이 부모의 잘못이 아닌데도 이상하게 부모의 책임으로 내몰리고 있습니다. 정작 책임 있는 사람들의 뒤늦은 사과는 지금도 보이지 않죠.

방학이 시작되면 부모와 아이의 '전쟁'은 절정을 맞습니다. 전쟁의 승패는 기세와 전투력에서 결정되는데, 아이에 비해 부모의 전투력과 사기는 너무 떨어져 있습니다. 이렇다 보니, 부모는 식사시간을 노려 푸짐한 밥상으로 협상을 끌어내 보지만 번번이 실패하고 맙니다. 식사를 마친 아이는 당당하게 "적군의 사신은 해치지 않는다"라는 삼국지 게임에 나오는 한 구절을 주워듣고 와서는 부모에게 읊어주고 다시 나릿나릿한 발걸음으로 방을 향하죠. 그야말로 이제 부모는 정면 승부로는 도저히 아이를 이길 승산이 없어 보입니다. 특히, 코로나로 인해 가정 내 범죄가 증가하고, 숱한 디지털 범죄가 아이를 호시탐탐 노리는 걸 목격한 이상 부모의 근심은 더 늘었습니다. 다시 말해, 부모는 "이대로 계속 가다가는 안 되겠다"라는 생각을 할 수밖에요. 그래서 작전을 바꿔야겠습니다.

일단, 새로운 작전명은 '방 탈출' 작전이라고 부르겠습니다. 이제는 어떻게 해서든 아이를 방에서 나오게 해야 하니까요. 전술 또한 기존의 방식에서 조금 달리하겠습니다. 어쨌든 아이가 방에서 나오지 않는 건, 아이를 붙잡고 있는 컴퓨터와 게임인 걸 고려한다면, 정상적인 방법으로는 더 힘들다고 인정해야겠죠. 먼저, 첫 번째 승부수는 '인터넷 차단'입니다. 가정에서 사용하는 인터넷 서비스는 일정의 요금을 지불하는 회원제 방식입니다. 따라서 부모는 인터넷 업체에 연락하여 일정 기간 인터넷 서비스를 차단해달라고 요청을 할 수 있죠. 사유는 대부분 이사 또는 집수리 명목으로 접수할 수 있습니다. 물론 요금도 지불하지 않습니다. 다만, 갑자기 인터넷이 끊기면 아이가 강한 불만을 보일 수 있으니 아이에게는 인터넷 공사 때문에 당분간 인터넷 서비스가 중단된다고 말해주시고, 믿어 의심치 않을 입증자료를 준비해주세요. 입증자료는 업체 공지문을 제작하면 도움이 될 수 있습니다. 마치 인터넷 회사에서 인터넷 라인 공사를 한다는 명목으로 가정에 양해를 구하는 '공지문'을 배포한 것처럼 교묘하게 제작하여 아이에게 보여주면 불만은 없을 겁니다. 아이들의 눈치가 보통이 아니라서 공지문은 섬세하게 제작해야 한다는 걸 잊지 마세요. 이 전략을 선택하신다면 아이가 방에서 나왔을 때의 대안도 준비해야 합니다. 아이가 방을 나왔는데 할 게 없으면 소파에서 스마트폰만 할 게 빤하죠. 부모가 중심이 되어 가까운 도서관을 찾고, 영화 목록을 살피며, 부모와 함께 공원에서 운동거리를 찾는 게 더 중요하다는 것도 기억해주세요.

첫 번째 전략이 내키지 않는다면, 두 번째 '적진에 들어가는 전략'을 시도해보시죠. 그러니까 늦은 시간까지 방에서 나오지 않는 아이를 위해 부모가 아이 방에 들어가는 전략입니다. 최근 상담사례를 보면, 아이가 코로나와 여름방학을 핑계로 방에서 나올 생각을 안 한다더군요. 잔소리를 해대도 고개조차 끄덕하지 않는다고 하니 부모가 아이 방에 들어가 잠을 자는 수밖에요. 그러니까 아이가 게임을 하든 말든 부모는 취침시간에 맞춰 잠을 자는 겁니다. 이때 주의해야 할 건, 잠을 자더라도 절대 아이가 게임을 하는 걸 왈가불가 말을 하지 않는 게 중요합니다. 어차피 아이는 부모가 방에서 자는 순간 불편한 건 말 안 해도 빤하니까요. 아이는 부모의 잔소리에는 맞대응해도 부모의 침묵에는 대응하기가 쉽지 않습니다. 결국, 아이 옆에 있으면 무슨 말이라도 할 수 있으니 아예 적진에 침구를 들고 들어가는 것도 나쁘지 않을 듯합니다. 그런데 뜬금없이 부모가 아이 방에 들어와서 잠을 자면 아이가 거부할 수 있으니 이 또한 기만전술이 들어가야겠지요. 다시 말해, 안방에서 부모가 잘 수 없는 타당한 이유를 아이에게 제시해야 할 겁니다. 또 이 전략에서 핵심은 결국 아이가 게임을 마치고 부모 옆에서 눕게 된다면 아이가 흥미를 느낄 대화거리를 찾는 것입니다. 이참에 아이들 문화를 물어보고 배워보는 기회도 좋을 것 같습니다.

마지막으로 세 번째 전략은 제가 강력하게 추천하는 전략입니다. 그러니까 이번 전략은 가족 모두가 '집을 비우는 전략'입니다. 아이에게 방학이 있다면 부모에게는 휴가가 있잖아요. 또 주말은 일주일에 한 번씩 찾아오는 단기 휴가이기도 합니다. 이번 휴가는 다들 어떻게 계획하고 계시는가요? 물론 코로나 방역 지침이 4단계로 격상되어 외출하는 것 자체가 쉽지 않은 건 사실입니다. 심지어 한 부모님은 시골에 아이들을 데려가고 싶어도 어르신들이 더 예민하게 생각하신다더군요. 그래서 사실 집을 비운다는 건 요즘 같은 시기에 쉽지 않은 전략입니다. 하지만, 아이를 보고 있으면 어떻게라도 산으로, 바다로, 자연으로 아이를 데려나가야 하는 건 맞죠. 가족이 다른 가족과 합세하지 않고 온전히 우리 가족만 움직이고 방역 지침을 잘 지킨다면 수도권을 벗어나 한적한 자연을 찾을 수 있는 방법은 여러 가지 있을 수 있습니다. 무엇보다 자연을 강조하는 이유는 지금 아이들이 컴퓨터와 스마트폰이라는 디지털 중독에 빠져 일체 '화학작용'을 하지 못한다는 점 때문입니다.

얼마 전, 문방구에 들렀더니 여름철이면 문구점 입구를 장식했던 잠자리채가 보이지 않더군요. 심지어 학교 방학 숙제에도 이제 곤충 채집은 없습니다. 하지만 곤충 채집이 자연보호와 생명존중에 어긋나는 행동이라면 곤충을 보고 느끼는 시간은 분명 화학작용이 없는 아이에게 큰 도움이 될 것입니다. 이 세 번째 전략을 선택하신 부모님들은 한결같이 아이가 처음에는 집을 나서는 걸 거부했지만 막상 나가보니 아이가 너무 좋아하더라는 거죠. 아이가 집을 나서길 거부하는 건, 당장 눈앞에 컴퓨터와 게임이 노려보고 있으니 주저할 수밖에요. 쉽지 않겠지만, 오늘부터 집을 어떻게 비울지 고민해 주시면 어떨까요? 위기가 기회가 되듯, 여름방학이 부모의 근심에서 부모의 안심으로 바뀔 기회가 될 수도 있습니다.

가족이 집을 비운다는 건, 아이에게 '놀이'를 제공하는 것과 같습니다. 놀이는 아이에게 질서와 규범을 가르치는 최적의 콘텐츠라고 볼 수 있고, 특히 아이의 간질간질한 욕구를 건

전하게 충족시켜주는 해방의 의미도 있습니다. 부모가 마련해
준 바깥세상과 그 세상에서 즐기는 놀이는 디지털로 채워진 아
이의 딱딱한 마음을 보드랍게 만들어 주는 최선의 처방책이 될
것입니다. 생각보다는 행동이 중요하다는 걸 잊지 마세요. 지
금 아이를 위해 당장 지도를 펼쳐놓고 가족이 함께 놀 수 있는
장소를 찾는 것부터 시작해주세요. 장담하건대, 집을 비운 이
후 부모는 아이의 놀라운 변화를 목격하게 될 것입니다.

제발 칭찬 좀 해 주세요

저는 아이들에게 강의할 때, 의도적으로 재밌는 '멘사' 문제를 내곤 합니다. 일종의 '뇌 풀기 게임'이죠. 이러한 게임은 강의 전 아이들과 라포를 형성하는 효과도 있지만, 강의에 앞서 주의를 집중시키는 효과가 더 큽니다. 학년이 내려갈수록 강의는 어렵고, 특히 중학생 남자아이들을 교육하는 건 보통의 인내로는 불가능하죠. 그래서 중학생 남자아이들에게 교육할 때면 '뇌 풀기 게임'은 필수 아이템입니다. 퀴즈는 럭비공 같은 아이들에게 승부욕과 집중력을 동시에 일으키는 효과가 있어서 재미가 쏠쏠하죠. 아이들과 퀴즈를 풀다 보면 더러 이상한 점을 발견하곤 합니다. '멘사' 수준의 문제라면 아이들이 금방 맞추기는 쉽지 않을 법한데도, 유독 문제를 잘 맞히는 아이를 보면 대개 그 반에서 산만하게 굴거나 혹은 까불까불한 행동을 하는 아이입니다. 보통은 학교에서 공부를 잘하는 아이가 맞출 것 같지만 의외로 반대인 경우가 많죠. 저는 일명 '까불이'가 문제를 맞히면 그냥 지나가는 법이 없습니다. 마치 습관처럼 아이를 공개적으로 불러 다른 아이들이 보는 앞에서 대놓고 칭찬을 해주죠. 그럼 문제를 맞힌 아이는 어리둥절한 표정을 보이고는 지금까지 이런 칭찬을 처음 받아본 것처럼 쑥스러워 어쩔 줄 몰라 합니다.

"와, 이렇게 어려운 문제를 맞히다니! 대단하다, 너?"

"제가요? 제가 그렇게 대단한 문제를 맞힌 건가요?"

"그럼 당연하지. 이 문제는 IQ 150은 돼야 맞추는 건데 그걸 네가 맞췄다니까?"

"그럴 리가 없는데… 이상하네요."

"너 지금까지 공부해 본 적 있어?"

"아뇨. 공부는 제 스타일이 아니라서요."

"아깝다. 내가 볼 때 넌 조금만 공부하면 금방 성적이 나올 텐데. 오늘부터 공부 한번 해보는 거 생각해 봐. 진짜야!"

"허허. 제가 공부를요? 한번 생각해보겠습니다."

그렇게 아이에게 칭찬해주고 학교를 빠져나오면, 간혹 문제를 맞힌 아이로부터 문자를 받을 때가 있습니다.

'저, 경찰관님, 공부하려면 뭐부터 해야 돼요?'

눈치채셨겠지만, 칭찬 하나로 아이는 새로운 감각을 보여 준다는 걸 알 수 있지요. 제가 배운 '청소년 발달학'에는 저만의 확고한 '신념' 하나가 있습니다. 바로 성장기 아이가 가지게 되는 '감각의 중요성'이죠. 특히 이 감각은 아이가 '칭찬'을 받게 되면 요란하게 움직이는 현상을 보입니다. 사실 요즘 아이들은 '칭찬'을 받기 힘든 시대를 살고 있죠. 반에서 10등인데도 자존감이 낮고, 복도에서 휴지를 줍거나 파지 줍는 할머니의 손수레를 밀어드려도 칭찬받기 쉽지 않습니다. 더구나 공부를 못한다는 이유로 아이의 모든 영역을 싸잡아 취급당하기도 합니다. 그래서 아이들은 스스로 낙인을 찍어 다른 걸 찾지만 아이에게 공부가 주는 잣대는 생각보다 벽이 높습니다. 그래놓고 주변 사람들은 아이를 향해 "왜 그렇게 자신감이 없어"라고 되묻죠. 무엇을 하려 해도 불신의 시선이 함께 보이기 때문에 아이는 용기 내기가 두렵습니다. 그래서 아이들은 스스로 포기할 수밖에 없는 상황에 내몰리죠. 결국, 아이의 감각을 깨우는 건 어른들의 몫인데, 우리는 아이들에게 너무 인색한 건 아닌지 고민해 볼 필요가 있습니다.

2003년 당시, 대한민국에는 『칭찬은 고래도 춤추게 한다』라는 책이 큰 인기를 끈 적이 있습니다. 얼마나 인기가 많았으면 자녀를 겨냥한 『칭찬은 아기 고래도 춤추게 한다』라는 패러디 버전까지 등장했을까요. 그 책 또한 많은 인기를 끌었습니다. 사실, 우리의 행동이 다른 사람의 반응에 따라 움직인다는 걸 모르는 사람은 없죠. '칭찬'이나 '격려'가 사람을 직접적으로 변화시키는 기폭제 역할을 한다는 걸 숱한 연구자료와 강연에서 배웠습니다. 그중에서도 '칭찬'은 인간의 욕구 중 '식욕'과 '수면욕' 다음으로 큰 비중을 차지하는 욕구라고도 하죠. 다시 말해, '칭찬'은 우리가 사는 데 필요한 '생존 욕구'라는 사실입니다. 사춘기를 겪는 아이들에게 다른 건 몰라도 '칭찬'은 꼭 붙잡고 있어야 할 부모의 덕목에 가깝습니다.

하지만 제 칭찬 세례에 대해 의문을 가지는 부모님들도 있습니다. "칭찬을 해줄 게 있어야 칭찬을 하죠"라고 대놓고 말씀하시는 분도 보았습니다. 사실, 칭찬할 게 없는 아이에게 무작정 칭찬 세례를 퍼부었다가는 아이가 오히려 오만한 태도나 거드름을 피울 수 있죠. 어쩌면 어머니의 노골적인 질문이 현실적인 부모님의 마음을 대변하는 것일 수도 있습니다. 하지만 우리가 조금만 더 생각해 보면, 막무가내식 칭찬은 조심해야겠지만 다른 한편으로는 칭찬해야 할 때를 최소한 놓치지 말자는 '타이밍'의 문제를 고민해보자는 뜻이기도 합니다. 부모의 칭찬 기준이 너무 높거나 무감각한 건 아닌지 또, 아이에 대한 기대가 너무 높아서 칭찬을 너무 아끼는 건 아닌지에 대한 고민 말입니다.

칭찬을 받지 못하는 아이들이 어디에서 칭찬을 기웃거리

는지 살펴볼 필요가 있죠. 그래서 부모는 아이들이 즐겨 찾는 사이버 공간을 주목해야 합니다. 사이버 공간을 달리 표현하면, '칭찬'과 '인정욕구'가 순식간에 일어나는 공간이라 해도 과언이 아닙니다. 많은 연구에서 상대를 신뢰하는 가장 큰 요인 중에는 자기를 지지하고 믿어주는 상대를 신뢰한다고도 하죠. 그래서 '디지털 그루밍'에서 아이를 길들이는 수법이나 '랜덤 채팅' 같은 익명의 상대와 대화를 나누면서도 일면식도 없는 상대에게 호감을 느끼고 따르게 되는 이유는 바로 상대가 아이에게 맹목적인 칭찬을 해주기 때문입니다. 본 적도 없는 상대가 자신에게 예쁘다거나 착하다고 말해주면 그냥 믿고 좋아하는 게 아이들이니까요. 보지도 않았는데 그 말을 믿는 자체가 부모 입장에서는 선뜻 이해가 안 될 수도 있지만 반대로 말하면, 그만큼 칭찬이 사람을 흔들 수 있는 큰 힘을 가지고 있다는 사실도 주목할 필요가 있습니다.

'칭찬'이라는 행위가 시작되기 위해서는 부모의 여유가 동반되어야 한다는 걸 부정할 수 없습니다. 부모에게 여유가 없으면 그만큼 좋은 말도 쉽게 나오지 않는 법이죠. 그래서 부모에게 '칭찬'을 함부로 요구하는 건, 요즘 같은 코로나 시기에 사실 죄송스러운 마음도 있습니다. 하지만 아이에게 주는 칭찬에도 적절한 시기가 존재한다는 걸 잊지 않았으면 좋겠습니다. 특히, 사회심리학자인 에릭 에릭슨이 주장한 인간의 사회 발달 단계를 보면, 만 6세에서 12세 해당하는 학령기 아동의 자녀에게는 이 지점을 놓치면 이후 아이의 정체성에 혼란을 주는 결과를 초래할 수도 있다고 했습니다. 다시 말해, 아이의 칭찬은 사춘기를 겪는 아이에게 큰 영향을 준다는 것이지요. 어쨌든 칭찬은 한 번도 안 하는 것보다는 차라리 많이 하는 게 더 안전하다는 사실도 생각해봤으면 좋겠습니다.

'에너지 드링크'보다
부모의 말과 태도가 필요할 때

얼마 전, 인터넷의 한 커뮤니티에서 한 수험생이 잠 때문에 각성제를 찾는다는 글을 올린 걸 본 적이 있습니다. 아이는 다른 아이들에 비해 잠이 많아 공부량이 적다며 각성제를 찾고 있었고 "아직 10대라서 건강은 걱정하지 않는다"라는 당돌한 각오까지 올렸더군요. 오히려 각성제를 먹고 난 후 두뇌 회전이 느려지는 점에 대해 더 염려하는 듯 보였습니다. 불과 몇 년 전까지만 해도 수험생들 사이에서 다이어트약과 ADHD 치료제까지 암암리에 유행하던 일도 있었죠. 무엇보다 인터넷 포털 사이트에서 '수험생 각성제'라고 검색하면 듣도 보도 못한 약품들이 버젓이 진열·판매되고 있어 걱정이 앞섭니다.

걱정된 마음에 한동안 연락을 끊었던 수험생 아이들에

게 연락을 해봤습니다. 오랜만에 안부 문자를 받으면 귀찮을 만도 한데 아이들은 흔쾌히 대화에 응해주더군요. 한 아이는 "'코로나 수능'을 대비해 '피가 코로 나올 정도'로 공부를 열심히 하고 있다"라고 말해 웃음을 참지 못했습니다. 한 아이는 수시 요건을 갖추기 위해 전전긍긍하는 모습을 보이기도 했고, 또 한 아이는 너무 씩씩하게 말해서 이유를 물었더니 "방금 에너지 드링크 마셔서 그래요"라며 털털하게 대답하더군요. 아이들 사이에서 만병통치약으로 통하는 '에너지 드링크'가 인기가 많다는 이야기를 주워듣긴 했지만, 아이에게 직접 듣기는 처음이었습니다. 그러면서 아이가 "어차피 한 달만 참으면 되니까 걱정 안 해요"라고 해서 마음이 좀 씁쓸했습니다.

다행히 각성제를 복용하는 사례는 없었습니다. 어쩌면 아이들이 숨겨서 제가 모를 수도 있고요. 각성제 같은 약품을 복용하는 사례는 없었지만, 아이들 사이에서 고카페인이 함유된 '에너지 드링크'의 인기가 높다는 사실은 충분히 전해 들을 수 있었습니다. 아이들 말로는 수능을 코앞에 두고 기본적으로 하루에 원두커피 한두 잔은 마신다고 하더군요. 또, 시중에서 흔히 파는 '에너지 드링크' 말고도 외국산 '고카페인 드링크'를 온라인 마켓에서 구매해 마신다는 아이도 있었습니다. 카페인이 아이들의 건강을 위협한다는 사실을 모를 리 없을 텐데 아이는 마시고 부모는 관심이 없다는 게 큰 걱정입니다.

아이들이 '에너지 드링크' 같은 카페인 음료를 마시는 이유가 꼭 '졸음'을 쫓기 위한 것만 아니라고 합니다. 사실 아이들과 대화하면서 '불안'을 다들 공통적으로 느끼고 있다는 생각이 들었고, 수능점수에 대한 압박 못지않게 부모님의 지나친 관심도 '불안'으로 받아들이고 있었습니다. 부모는 부담을 안 준다고 하지만 아이는 생각이 다를 수 있죠. 어쩌면 아이가 부모보다 부모의 속마음을 더 잘 꿰뚫고 있는지도 모릅니다. 특히, 아이들은 혹시라도 수능 성적이 좋지 않아 원하는 대학에 못 가면 부모가 자신에 대해 크게 실망할지 모른다고 이야기하더군요. 그러면서 아이들은 하나같이 수능 결과보다는 자신의 노력 자체를 인정해주기를 희망하고 있었습니다. 그게 말이든 태도든 말이죠.

한 해를 통틀어 아이의 신진대사가 바닥을 보이는 시기가 바로 지금이라고 하죠. 전문가들 대부분이 1년의 활동 주기에서 지금 시기가 가장 체력이 떨어지는 시기라고 말합니다. 축구 경기로 비유하자면, 체력이 급격하게 떨어지는 '후반 70분'을 지나는 구간이랄까요. 어쩌면 아이만 그런 게 아니라 부모 또한 직장에서 한 해의 성과를 갈무리하느라 에너지가 소진되기는 마찬가지일 겁니다. 하물며 수험생에게는 수능이 한 달도 채 남지 않은 지금이 체력뿐 아니라 정신건강에도 빨간불이 켜질 수 있는 시기입니다. 그래서 이맘때 인터넷 포털사이트에서 '수험생'을 검색하면 '수능을 위한 건강 레시피, 수험생 건강을 지켜주는 다섯 가지 음식'과 같은 주제의 연관검색어가 압도적으로 많은가 봅니다. 하지만 감독이 후반 70분을 뛰고 있는 선수에게 눈치 없이 열심히 안 뛴다고 다그치면 선수는 물병을 걷어찰 수밖에 없듯이 부모의 말과 행동이 조심스러워야 한다는 것도 기억할 필요가 있겠습니다.

아이들이 무심코 마시는 '에너지 드링크'가 걱정되지 않는 부모는 없을 겁니다. 아시겠지만, '에너지 드링크'와 관련하여 「식품의약품안전평가원」에서도 '에너지 드링크'가 수면장애, 불안감 등의 부작용을 일으킬 수 있다고 권고했고, 카페인 최대 일일 섭취량을 성인의 경우 400mg 이하, 임산부는 300mg 이하, 어린이·청소년은 체중 1kg당 2.5mg 이하로 설정했습니다. 그러니까 체중이 60kg 나가는 아이라면 일일 섭취 권고량은 155mg가 되고, 시중에 파는 보통 '에너지 드링크' 2개와 외국산 '고카페인 에너지 드링크' 1개와 같다고 보시면 됩니다. 하지만 아이들의 특성상 '에너지 드링크'를 마실 때마다 일일이 권고량까지 계산하면서 마시지는 않죠. 아마 아이 대부분 기준 섭취량을 초과하는 게 다반사일 겁니다. 특히, 의학 전문가들은 건강한 성인의 경우 하루에 400mg 정도의 카페인을 소화할 수 있는 데 반해 청소년에게는 400mg도 치명적인 양이 될 수 있다고 하니 부모님들께서는 이 조언을 흘려들어서는 안 될 것 같습니다.

또 '에너지 드링크'와 관련한 한 연구에서도 "고등학생 79.5%가 고카페인 에너지 음료를 마신 경험이 있는데다 음료

섭취 후 50.6%가 부작용을 경험했다"라고 밝혔습니다. 부작용 중에는 '가슴 두근거림'이 가장 많았다고 하니 이래저래 걱정됩니다. 여기에 전문가들이 우려하는 건, 바로 아이들의 '에너지 균형'이라고 하더군요. 다시 말해, 아이의 신체 에너지와 정신 에너지에 대한 균형이 필요하다는 뜻입니다. 특히, 부모가 간과하는 것 중 하나가 끼니는 잘 챙기지만, 아이의 스트레스와 불안은 들여다보기 쉽지 않다는 점이죠. 그러니까 아이들이 '고카페인 에너지 드링크'를 과다 섭취할 경우 짜증, 불안증세, 신경과민, 불면증은 물론 잦은 두통까지 호소할 수 있다고 합니다. 어쩌면 수험생 자녀가 갈수록 짜증과 신경이 예민해지는 게 수능에 대한 불안 때문인지 아니면 '고카페인 에너지 드링크' 때문인지 확인할 필요가 있습니다.

얼마 전 한 친한 교수님의 추천으로 읽었던 『이토록 뜻밖의 뇌과학』이라는 책에서 저자는 언어를 처리하는 뇌 부위가 에너지 효율을 지원하는 많은 기관과 시스템을 통제한다고 설명하더군요. 아이들의 에너지 효율을 좌우하는 건 '에너지 드링크'보다 부모의 말과 태도가 아닐까 하고 재해석해봤습니다. 부모라면 과학 실험 같은 검증된 연구를 무시할 수 없는 법이죠. 책에서 저자는 "말은 인간의 몸을 제어하는 도구"라고까지 했습니다. 수험생을 둔 부모라면 이제 아이에게 해줄 수 있는 역할은 정해졌습니다. 먼저, 부모가 아이에게 건네는 말과 태도를 점검하고 필요하다면 즉시 고쳐보는 것입니다. 특히, 부모가 아이를 위해 전하는 따뜻한 말과 편안한 태도가 지금 아이에게 가장 필요한 것일지 모릅니다. 결국, 부모의 말과 태도가 아이를 안전하게 만든다는 사실을 잊지 않았으면 좋겠습니다.

아이들에게
행복의 조건이란

아이들에게 '행복의 조건'은 안전을 바탕으로 합니다. 불안과 위기를 겪는 순간, 어디에도 아이들의 행복은 존재하지 않는 법이죠. 부모도 마찬가지입니다. 자녀의 행복이 전제되지 않고서는 부모도 행복할 수 없습니다. 즉, 부모는 아이와 행복을 함께 경험해야만 '완벽한 행복'을 느낍니다. '행복의 조건'을 말하기에 앞서 '행복'이라는 것의 의미를 먼저 생각해 볼까합니다. 지금까지 그 어떤 연구에서도 '행복'의 개념을 똑 부러지게 단정한 연구물은 없었던 것 같습니다. 그만큼 '행복'은 지극히 추상적인데다 개인적이며, 심오하기까지 합니다. 측정하기도 쉽지 않고요. 하지만 영화 '빌리 엘리어트'에서 주인공 엘리어트에게는 복싱보다 발레가 행복이었고, '어거스트 러쉬'에서 어거스트에게는 부모를 대신하는 기타가 행복이었습니다. 게다가 영화 '우리들'에서 초등학생 이선에게는 마음이 통하는 단 한 명의 친구가 행복이었던 걸 보면, 아이들의 행복 또한 딱히 '무엇이다'라고 결론 내리기 쉽지 않은 것 같습니다.

아이들의 행복을 결정짓는 데에는 누구도 부정할 수 없는 '조건'이 있다는 건 다들 아실 겁니다. 바로 '가족'이죠. 가족과 자녀의 행복은 이미 많은 연구에서도 상관관계가 입증되었습니다. 다시 말해, 부모와의 관계가 곧 아이에게 부모의 애착으로 연결되어 자녀를 행복하게 만드는 결정적인 역할을 한다는 것입니다. 그만큼 부모의 애착은 아이가 행복하고 안전하게 생활할 수 있는 '자양분'인 셈이죠.

지난해 민간 아동보호 전문기관인 「초록우산어린이재단」에서는 '2021 아동 행복지수'를 발표했습니다. 통계를 보면, 아이들의 행복지수가 10점 만점에 7.24점으로 나왔더군요. 예상했던 점수보다 높은 점수가 나와 다행이다 싶었는데, 세부적인 내용을 들여다보니 마냥 안심할 순 없겠더라고요. 아이들의 우울과 불안이 전년에 비해 소폭 상승했고, 걱정 지수도 꽤 올랐습니다. 또, 아이들의 공격성은 물론이고 부모 관계, 학업, 친구 관계, 외모, 용돈 등 대부분 분야에서도 스트레스 지수가 높아진 걸 확인할 수 있었습니다. 특히 눈에 띄었던 건, 부모 돌봄과 체벌이었는데, '부모님이 식사를 제대로 챙겨주지 못했다'라고 답한 비율이 지난해에 비해 크게 상승해서 좀 속상

했습니다. 체벌에서도 '회초리 같은 단단한 물건이나 맨손으로 때렸다, 나에게 욕을 하거나 저주의 말을 퍼부었다'라고 답한 비율도 크게 올라 마음이 편치 않았네요. 물론 그렇게 할 수밖에 없었던 부모의 심정을 모르는 건 아닙니다만 아쉬운 마음은 어쩔 수 없었습니다.

가구 소득의 격차에 따라 아이의 행복감이 달라지는 건, 어쩔 수 없습니다. 부모끼리는 비교하지 않아도 아이들은 대번 비교하기 마련이니까요. 모든 격차는 아이의 행복을 흔들기에 충분조건인 걸 부정할 수 없죠. 여기에 코로나 상황이 격차를 초격차로 벌려놓은 것도 답답하고요. 하지만 아이의 행복이 결국, 부모의 애착을 보여주는 증거라는 걸 생각하면 이번 행복 측정 설문은 부모에게 중요한 자료가 될 수도 있을 것 같습니다. 어떠한 상황이 와도 부모가 변하지 말아야 할 행동들이 있게 마련이죠. 그렇게 보면, 아이에게 '식사'는 부모와 아이가 함께 누릴 수 있는 최고의 시간이지 않을까요. 가구 소득 격차나 코로나 상황 따위는 방해가 되지 않을 법도 한데요. 아이를 위해 부모가 식사를 준비한다는 건, 단순히 아이가 밥을 먹는 차원이 아니라 식사를 통해 부모의 마음을 확인하는 '애착 과정'일 수 있습니다. 아이가 식사를 중요하게 여기는 것도 허기를 채우는 생리적 개념보다 정서적 개념이 더 강하다는 뜻이죠. 하물며 삼시 세끼 밥을 잘 먹는 아이가 그렇지 못한 아이보다 '학교폭력'과 '비행'에 노출될 확률이 적다는 해외 연구도 있습니다. 여기서 밥을 잘 먹는 아이란, 아이의 식사 시간을 부모가 함께해준다는 의미이기도 하고요. 생각보다 아이들은 식탁에서 혼자 밥을 먹는 경우가 많다고 하더군요. 그럼 집과 식당이 무슨 차이가 있나 싶습니다. 또, 고위험에 노출된 아이들과 자주 밥을 먹는 저로서는 아이들 대부분 국밥과 백반 같은 '집밥'을 좋아하는 걸 볼 수 있었습니다. 그만큼 아이에게 밥은 '칼로리'로는 설명할 수 없는 행복의 조건인 셈이죠.

부모의 체벌에 대해서도 짚고 넘어가야겠습니다. 이 글을 읽는 부모님 중 아이에게 손찌검을 하실 분은 없을 것으로 압니다. 하지만 이런 사례는 어떨까요? 아이에게 의도치 않게 '큰소리'를 자주 하는 편은 아닌지 또는 평소 무시하거나 비꼬는 말투로 아이의 자존감을 긁은 적은 없는지 말입니다. 또 아이를 쳐다보는 냉소적인 표정도 곁들이죠. 오늘날 체벌의 개념은 물리적인 폭력만을 정의하지 않습니다. 오히려 전문가들은 지금 아이들에게는 부모의 큰소리가 물리적 체벌보다 더 큰 상처를 준다고도 합니다. 또 자국이 오래 남는다고도 하고요. 분명한 건, 집에서 부모의 큰소리나 차가운 말투를 듣는 아이는 집밖에서도 절대 행복할 수 없다는 사실입니다.

마지막으로 '환대'라는 단어를 꼭 기억해주세요. '행복 설문'에서는 나오지 않은 주제이지만, 아이에게 행복의 조건으로 큰 비중을 차지하는 게 바로 '부모의 환대'라고 아이들은 입을 모아 말합니다. 환대는 부모가 아이에 대한 애착을 보여주는 가장 완벽한 방법이죠. 적어도 아이들은 자신을 환영하는 부모의 태도에서 안전을 찾고 행복을 느낍니다. 하지만 환대받지 못한 아이들은 다음 세 가지 결핍을 가질 수도 있어 주의해야 하죠. 첫째는 '배제'입니다. 부모에게 환대받지 못한 아이들은 일상에서 "넌 나가"라는 말을 상상으로 자주 듣는다고 합니다. 그러니까 부모가 자녀를 환대하지 않으면, 아이는 가족 구성원에서 배제되고 있다는 불안을 느낀다는 겁니다. 둘째는 '차별'입니다. 환대받지 못하는 아이들은 아이 스스로 "난 문제 있어"라고 비하하는 경향이 있습니다. 마지막으로 환대받지 못하는 아이들은 학교와 가정에서 "난 무조건 따라야 해"라고 자신이 아닌 타인의 생각과 행동에 동화되는 경향을 보인다고 합니다. 실제 위기를 겪는 아이들의 입에서도 같은 대답들이 많이 나왔습니다.

이렇게 배제와 차별 그리고 동화 과정을 경험하는 아이는 결국, 정체성이 무너지는 걸 경험합니다. 성장기에 있는 아이에게 정체성이 얼마나 중요한지는 굳이 말하지 않아도 아실 겁니다. 반대로 부모가 자녀를 환대하면, 아이의 정체성이 올라가고 학교와 또래 관계에서의 자존감마저 급상승하게 되죠. 특히 자신의 의견을 얼마든지 낼 수 있는 용기를 갖게 만든다는 건 꽤 중요한 부분입니다. 그만큼 부모의 환대는 아이의 성장에 중요한 역할을 할 뿐 아니라 행복하고 안전하다는 '편안함'을 갖게 합니다.

지금까지 자녀의 '행복 조건'으로 다정한 식사와 자녀 존중 그리고 환영하는 부모의 태도를 알려드렸습니다. 어쩌면 딱히 부모에게 어려운 건 아니라는 생각이 들죠. 하지만 아이들은 생각보다 이 세 가지를 오래도록 유지하는 부모는 많이 없다고 말합니다. 다시 말해, 지금까지 부탁드린 세 가지 행복 조건은 부모의 의식이 동반되어야만 지속 가능할 수 있습니다. 또, 셋 중 하나가 아니라 셋 모두 부모가 노력해야 한다는 것도 꼭 기억해주세요. 가장 평범해 보이지만 사실은 가장 어려운 조건이라는 사실도 잊지 않았으면 좋겠습니다.

빨래방에서 만난 아이들

타지에서 관사 생활하다 보니, 일주일에 한 번은 손수 빨랫감을 들고 인근 '24시 빨래방'을 찾습니다. 베란다에 있는 구닥다리 세탁기가 제구실하지 못하는 건 아니지만, 빨래라는 게 무작정 세탁기에 옷을 쑤셔 넣고 세제만 붓는다고 되는 것도 아니고, 게다가 옷감이라는 게 마치 아이들처럼 성질이 다양하고 고약해서 자칫 함부로 섞어 같이 빨았다간 아내에게 느닷없이 등짝 스매싱을 당하기에 십상이죠. 어쩌면 저의 안전과 부부 화목을 위해 빨래방은 나름 최선의 선택인지도 모르겠습니다.

24시 '무인 빨래방'을 찾는 이유에는 다른 이유가 더 있습니다. 요즘처럼 날씨가 추워지면 집 나온 아이들이 갈 곳이 없어 24시간 온기를 보장하는 빨래방으로 모여들기 때문이죠. 그래서 빨래방 사장님들은 새벽 시간에도 CCTV에서 눈을 떼지 못하고, 수시로 가게를 들락거리려야 하는 수고를 합니다만, 그렇다고 아이 대부분이 빨래방을 어지럽히고 엉망으로 만드는 건 아닙니다. 아이들이 문제를 일으킬지도 모른다는 우려는 언론을 통해 굳어진 편견일 수도 있죠. 아이들은 그저 추위 때문에 무인 빨래방을 원할 뿐, 가게 영업을 방해하거나 시설물을 망가뜨릴 생각은 추호도 없습니다.

올겨울, 무인 빨래방에서 우연히 중학생 남자아이 두 명을 만났습니다. 아이들은 추위가 매서운 시각에 빨래방에 들어와서는 제 등 뒤에 있는 의자에 앉아 태연하게 스마트폰을 하더군요. 얼핏 봐도 한두 번 빨래방을 출입해 본 솜씨가 아닌 듯 보였습니다. 게다가 한 아이는 오른발을 깁스해서 발가락 다섯 개가 전부 드러나 있었습니다. 저는 걱정스러운 마음에 아이에게 "다리는 왜 다쳤어?"라고 물었더니, 아이는 퉁명하게 친구랑 놀다 발을 접질렀다고 했습니다. 그리고 "밥은 먹었어?"라고 물었더니 아이들은 순간 대답은 하지 않고 제 얼굴만 멀뚱히 보고 있지 않겠습니까? 이렇게 물어보는 어른이 제가 처음인 듯 보였습니다. 그길로 저는 아이들을 데리고 인근 식당을 찾아 순대국밥을 사주었습니다. 순대국밥은 아이들이 정한 메뉴이지 제가 정한 건 아닙니다. 또, 그 와중에 깁스한 아이는 그렁그렁한 목소리로 사장님에게 양념장과 양파를 듬

뿍 달라는 말까지 하더군요. 중학교 1학년 아이 입에서 '양념장'과 '양파'라는 단어가 서슴없이 나온다는 건 분명 슬픈 일인데도 저는 당시 헛웃음을 참을 수 없었습니다.

그날 그렇게 국밥을 사주고 아이들과 헤어졌는데, 며칠 지나 다시 깁스한 아이가 연락을 해왔습니다. 아이는 제게 친구랑 온종일 한 끼도 못 먹었다면서 예의 없이 다짜고짜 "밥 사주세요"라는 말 대신 "어떻게 해야 할지 몰라 생각나서 연락드렸어요"라고 하더군요. 나쁜 짓보다는 이렇게라도 연락하는 용기를 내주는 게 정말 고맙죠. 하지만 다른 때라면 당장이라도 달려갔을 법도 한데 당시 코로나 상황이 좋지 않아 한참을 망설이다 결국, 아이들이 끼니라도 때울 수 있는 편의점 '기프티콘'을 보냈습니다. 그리고 얼마 후 아이들은 손수 사발면과 삼각김밥 그리고 음료수 사진을 찍어서 제게 보내주더군요. "고맙습니다"라는 인사에 저는 답글로 "잠은 집에서 자야 한다"라고 부탁했습니다. 그리고 아이들은 다행히 집에 도착했다는 메시지까지 보내주었죠. 밥을 사주지 못해 거듭 "미안하다"라고 했더니, 아이들은 그래도 감사하다고 했습니다. 그러게요. 아이들이 고맙다는 말에 제가 더 고마웠습니다.

어른들은 제게 묻습니다. 집을 나온 아이를 왜 보호시설로 보내지 않고 내버려 두냐고 말이죠. 또 강제적으로라도 부모에게 연락해서 집으로 인계해야 하는 거 아니냐고 따지는 분도 있습니다. 아이를 걱정하는 마음에서 보자면 틀린 말은 아니죠. 하지만 멀쩡히 두 발 달린 아이들이 집에 묶어 둔다고 안 나갈 리도 없고, 아이들이 집을 나올 때는 저마다 안 좋은 사연을 가지고 집을 나선다는 걸 알기 때문입니다. 즉, 일시적이거나 장기적이거나 이유는 '가정의 문제'라는 범위를 크게 벗어나지 않습니다. 물론 최근에는 이유 없는 가출도 부쩍 늘었습니다. 정작 아이가 집 주소와 부모의 연락처를 말하지 않으면 할 수 있는 건 생각보다 없습니다. 아무리 경찰이라도 법의 효력 없이 강제력을 행사할 수는 없지요. 오히려 아이들에게 집 주소와 부모 연락처에 집착했다가는 자칫 아이와 더 연락을 못하게 될 수도 있습니다.

아이들과 헤어진 후 저는 빨래방에 갈 때마다 마치 미어캣처럼 그 아이들이 있나 없나 두리번거리는 습관이 생겼습니다. 아이들을 억세게 좋아하다 보면 으레 생길 수 있는 직업병이죠. 한동안 문자와 메신저로 연락해도 도통 연락이 닿지 않아 꽤 걱정했지만, 딱히 할 수 있는 게 없었습니다. 그런데 최근에 깁스했던 아이로부터 다시 연락받았습니다. 아이들은 대체로 자기를 기억해 주는 걸 좋아하는 경향이 있죠.

"아저씨, 아니, 대장님 저 기억하십니까?"

"당연히 기억하지. 발은 이제 괜찮아?"

"하하, 괜찮습니다."

아이는 올해 초 엄마를 따라 시골로 이사를 했습니다. 거리가 꽤 먼 곳이더군요. 굳이 사연은 묻지 않았습니다. 아이는 다행히 그곳에서 좋은 친구들을 만나 학교생활도 재밌다고 했습니다. 참 다행이죠. 무엇보다 학교가 재밌다는 말이 너무 와닿았습니다.

아이들이 집을 나오는 게 어떻게 부모 탓이라고만 할까요. 그건 부당하죠. 부모도 부모가 처음이고, 삶이 힘들면 부모조차도 자신을 돌보지 못할 때가 있기 마련입니다. 알다시피 누구라도 아이들의 문제를 단순하게 설명할 수는 없을 겁니다. 대신 분명한 건, 문제란 아이와 부모가 서로의 마음을 숨겨도 너무 숨긴 결과라고 볼 수 있을 겁니다. 날씨가 제법 추워졌습니다. 저녁에는 옷장에서 외투라도 꺼내 걸쳐야겠더라고요. 하지만 이럴 때 또 생각나는 건 가정 밖 청소년들이죠. 곧 있으면 우리는 거리에서 짝퉁 슬리퍼에 때 묻은 잠옷 바지를 걸친 아이들을 보게 될 겁니다. 이 글이 아이들의 가출을 막을 수 있다고 생각하지 않습니다. 그건 불가능에 가깝죠. 다만, 이 글이 우리가 가정 밖 청소년의 속마음을 이해하는 '출발점'이 되었으면 좋겠습니다. 우리가 그들을 위해 할 수 있는 행동이 따뜻한 밀크티 한 잔과 112 전화 한 통이라는 정도만이라도 기억해 주세요. 밥 한 끼라면 더 좋고요. 우리가 아이들의 사연을 다 들어줄 수는 없지만, 사회 속 부모로서 모두가 참여하는 '다수(多數)의 힘'을 발휘하는 것은 가능할 겁니다. 중요한 건, 우리의 관심과 행동이 위기를 겪는 아이들에게 최소한의 안전장치가 될 수 있다는 것일 테지요.